MENSCHEN GEGEN MONSTER

Der Kampf um unseren Planeten

MENSCHEN GEGEN MONSTER

Der Kampf um unseren Planeten

Ted Oakes
und Amanda Kear, Annie Bates, Kathryn Holmes

Aus dem Englischen von Dr. Sebastian Vogel

Wissenschaftliche Beratung für die deutsche Ausgabe: Dr. Elke Gröning und Prof. Dr. Carsten Brauckmann

vgs

Der Autor bedankt sich besonders bei Amanda Kear, Annie Bates und Kathryn Holmes für ihre Arbeit an dem Buch.

Bibliografische Information der Deutschen Bibliothek
Die Deutsche Bibliothek verzeichnet diese Publikation in der Deutschen Nationalbibliografie; detaillierte bibliografische Daten sind im Internet über http://dnb.ddb.de abrufbar.

Das Buch erscheint begleitend zur BBC-Fernsehserie *Monsters We Met*, die in Zusammenarbeit mit NDR Naturfilm entstanden ist. Die deutsche Fassung wurde vom NDR ins Erste Programm der ARD eingebracht.

Titel der englischen Originalausgabe:
Monsters We Met. Man's prehistoric battle for the planet

First published in 2003 by BBC Worldwide Ltd, Woodlands, 80 Wood Lane, London W12 OTT

Lizenziert durch NDR MEDIA GMBH, Rothenbaumchaussee 161, 20149 Hamburg

Redaktion: Alexandra Panz
Produktion: Susanne Beeh
Umschlaggestaltung: Achim Münster, Overath
Karten und Zeichnungen: Map Creation Ltd.
Illustrationen Seite 56 u. 58: Peter Murray
Satz: Greiner & Reichel, Köln
Printed in Singapore by Tien Wah Press
ISBN 3-8025-1560-9

Besuchen Sie unsere Homepage
www.vgs.de

Bildnachweis
BBC Worldwide bedankt sich bei den folgenden Privatpersonen und Organisationen für die Erlaubnis, urheberrechtlich geschütztes Material abzubilden. Wir haben uns bemüht, alle Copyright-Ansprüche zu berücksichtigen. Sollte uns dennoch ein Fehler unterlaufen sein, bitten wir dafür um Entschuldigung.
(o=oben; u=unten; l=links; r=rechts)
Ardea London: Hans & Judy Beste, Australia 47; John Daniels 5(iii), 84; Ferrero-Labat 24; Jean-Paul Ferrero 41, 44-5, 75; Kenneth W. Fink 186; Martin W. Grosnick 116; Chris Harvey 5(i), 14; Arthur Hayward 119; M. Watson 179; Andrey Zvoznikov 84; Australian National University, Canberra 54; Annie Bates 163, 165, 194r, 197; Bishop Museum, Honolulu B. Patnoi 168; Glenn Carwithen 57, 67, 80; Bruce Coleman Collection Alain Compost 5(v), 158; Werner Layer 77b; Hans Reinhard 5(iv), 120; Bruce Coleman Inc., New York 2; E. & P. Bauer 184; Jeff Foott 157; Rinie van Meurs 155; Hans Reinhard 190a; Corbis 5(ii), 42, 144-5, 160-1, 199; Department of Palaeontology and Palaeo-environmental Studies, Transvaal Museum Pretoria 27r; George Chaloupka Collection 71; Getty Images/National Geographic 131; Andrew Graham-Brown 38, 129, 134, 192, 194; Kevin Hastings 136, 139; Images of Africa Photobank David Keith Jones 16; Frederick Kruger (1831-99), albumen silver photograph c. 1877, gift of Mrs Beryl M. Curl/National Gallery of Victoria, Melbourne 64; Lithic Casting Lab, Illinois Peter Bostrum 132-3; Dr. Adrian Hannus 154; Brian McDairmant 61, 63, 80; Mary Evans Picture Library 173; Nature Picture Library 72, 171, 176, 178; Michael Pitts 166; National Georgraphic Image Collection (October 1967, pp. 488-9) 181; Natural History Museum, London 271, 29, 73, 91, 101, 109; NHPA Nigel Dennis 6; Daniel Henchin 94; Jonathan & Angela Scott 23; Novosti Photo Library 102; Ted Oakes 11, 69, 78, 82; Oxford Scientific Films 117; Henry Ausloos 110; Clive Bromhall 28; Michael Brooke 175; Mark Jones 150; Robert Harding Picture Library 77o, 98; Eberhard Brunner 156; F. Jalain 97; Science Photo Library 36, 49, 114-15, 124-5, 190u; John Reader 19u; Warwick Sloss 1. Te Papa Museum, Wellington 187, 188; Dr. Hartmut Thieme, Institut für Denkmalpflege, Hannover 35; Associate Professor Rod Wells, Flinders University, Adelaide 59.

INHALT

EINLEITUNG

Über Vorgeschichte lernen wir in der Schule kaum etwas. Zwar pauken wir monatelang die Leistungen der europäischen Entdecker und Pioniere , doch erfahren wir nichts über die Zeit, als die Menschen zum ersten Mal die Grenzen Afrikas hinter sich ließen, um Kontinente und Tiere der Erde zu entdecken. Und das, obwohl diese Ereignisse zu den eindrucksvollsten der Menschheitsgeschichte gehören: die Augenblicke, als Menschen zum ersten Mal den Boden Australiens, Amerikas, Eurasiens, Madagaskars, Neuseelands sowie der Pazifikinseln betraten und dabei Lebewesen begegneten, die der Fantasie von Hollywood-Drehbuchautoren entsprungen sein könnten. Aber im Gegensatz zu Sciencefiction-Geschichten wie *Jurassic Park* oder *Eine Million Jahre vor unserer Zeit* erzählt dieses Buch von wirklichen Ungeheuern. Es vermittelt wie vielleicht kein anderes zuvor eine weltweite Übersicht über unsere Wanderung aus Afrika und die Monster, denen wir dabei begegnet sind.

In der Geschichte der Tiere gab es drei große Abschnitte. Die erste war das Paläozoikum, eine Zeit der Panzerfische und Rieseninsekten. Dann folgte das Mesozoikum, das als „Dinosaurierzeitalter" berühmt wurde. Es endete vor 65 Millionen Jahren, als ein Asteroid von zehn Kilometern Durchmesser vor Mexiko ins Meer stürzte und damit eine Zerstörungskraft freisetzte, die größer war als die aller Atomwaffen während des Kalten Krieges. Aus der Asche dieser Katastrophe erstand das Känozoikum, die Ära, die bis heute andauert. Dieses dritte Zeitalter wurde von den Überlebenden beherrscht, von Säugetieren, Vögeln, Krokodilen und Schildkröten. Von der Konkurrenz der Dinosaurier befreit, konnten solche Tiere sich weiterentwickeln und ihre heutigen Plätze im Ökosystem einnehmen. Dabei entstanden auch neue Giganten. Auf diese neue „Megafauna" trafen Jahrmillionen

◀ **Als der Mensch die Erde eroberte, begegnete er den Ungeheuern. Manche, so das Breitmaulnashorn, haben sich mit uns entwickelt und bis heute überlebt.**

später die Menschen, als sie außerhalb der Grenzen Afrikas die ersten zögernden Schritte unternahmen.

Das Wort „Megafauna“ bedeutet einfach „Großtiere“. Nach einer bisher nicht ganz erklärbaren Regel sind die heutigen Tiere in ihrer Mehrzahl entweder schwerer als 44 Kilogramm (so zum Beispiel Elefanten, Pferde und Straußenvögel) oder leichter als wenige Kilogramm (Mäuse, Eichhörnchen, Igel). Dazwischen gibt es nur wenige Arten. In der Geologie unterteilt man das „Säugetierzeitalter“ des Känozoikums in sechs Epochen, die sich über die letzten 65 Millionen Jahre erstrecken. Uns interessiert vor allem das letzte davon, das Quartär, das vor rund 2,3 Millionen Jahren begann und bis in die Gegenwart reicht. Es ist in das ältere Pleistozän und das jüngere Holozän untergliedert. Die letzte Epoche, das Holozän, ist durch das Ende der letzten Eiszeit vor rund 10.000 Jahren gekennzeichnet. Man kann das Holozän aber in vielerlei Hinsicht als Fortsetzung des Pleistozäns deuten; es ist die Zeit, in der *Homo sapiens* den Monstern begegneten.

Das Wort „Monster“ bezeichnet in diesem Buch die lebende oder heute ausgestorbene Megafauna, mit der die ersten Entdecker es zu tun bekamen. Manche Tiere aus dem Pleistozän, so die eiszeitlichen Mammuts und Säbelzahnkatzen, erscheinen uns heute mit Sicherheit wie Ungeheuer. Und auf jedes ausgestorbene Großtier, das wir kennen, kommen mehrere andere, die uns ebenso den Atem nehmen würden, lägen die Belege für ihre Existenz nicht in staubigen Laborschränken und seltsamen Fachzeitschriften begraben. Und nicht nur ausgestorbene Riesen können unsere Fantasie beim Nachzeichnen der Vergangenheit anregen – es gibt auch lebende Monster. Die wenigen überlebenden Großtiere – beispielsweise Kamele, Tiger oder Komodowarane – erscheinen uns heute selbstverständlich, aber wenn wir ihnen ohne Vorwissen begegnen würden, könnten wir sie durchaus ebenfalls für Monster halten.

Dass kaum jemand über die ausgestorbenen Tiere und ihre große Bedeutung für die Menschheitsgeschichte Bescheid weiß, liegt unter anderem daran, dass allgemein der Eindruck herrscht, sie hätten nur in einer entfernten, unwichtigen Vergangenheit existiert. Hier soll jedoch eine andere, überraschende Erkenntnis deutlich werden: Der Untergang der Megafauna liegt noch nicht allzu weit zurück, und ihr Erbe ist für uns auch heute von Bedeutung. Manche der hier beschriebenen Ungeheuer, beispielsweise die Stellersche Seekuh (*Hydrodamalis gigas*), lebten noch vor wenigen hundert Jahren. Als wir die Fernsehserie drehten, stießen wir auf hervorragend erhaltene Überreste ausgestorbener Tiere – der Körper trug sogar noch das Haarkleid. Entscheidend für unsere Geschichte ist der richtige Zeitmaßstab. Wenn wir die Jahre seit dem Tod der Dinosaurier bis heute auf einer 100-Meter-Rennstrecke verteilen, finden das Massensterben der Megafauna und der Aufstieg

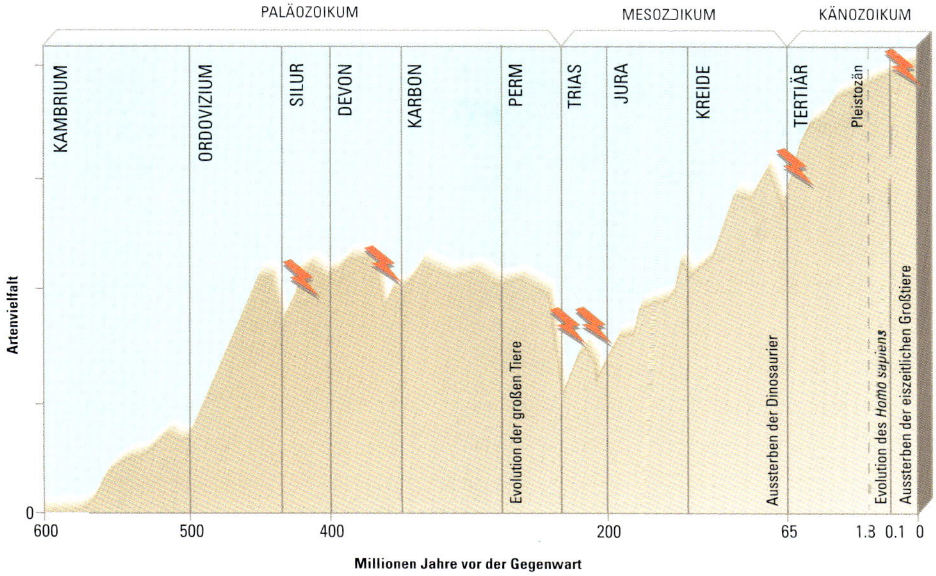

▲ Die Zeittafel des Lebendigen. In den letzten 600 Millionen Jahren gab es fünf große Massenaussterben. Ein sechstes betraf am Ende des Pleistozäns nur große Tiere.

des Menschen als neue Säugetierart erst auf dem letzten Meter statt. Wer noch weitere Beweise braucht, wie kurz die Vorgänge zurückliegen, der muss sich nur vergegenwärtigen, dass seither keine neue Säugetierart entstanden ist. Dazu war einfach nicht genügend Zeit. Das bedeutet ganz konkret, dass alle heutigen Tiere, von den Hummeln über die Tauben bis zu den Mäusen, neben weniger bekannten Monstern schon vorhanden waren. Wenn wir uns solche alltäglichen Lebewesen zusammen mit den ausgestorbenen Riesen vorstellen, fällt es uns vielleicht leichter, die Welt unserer Vorfahren nachzuzeichnen.

Man hat mit zahlreichen Theorien versucht, das Massenaussterben am Ende des Pleistozäns zu erklären: mit Krankheitsepidemien, astronomischen Ereignissen, Kontinentalverschiebung, Vulkanausbrüchen, Klimaänderungen und sogar der Jagd durch die Menschen. Diese jüngste Phase des Aussterbens hat unter anderem die Besonderheit, dass anscheinend vor allem große Tiere betroffen waren. Über die Ursachen diskutieren die Fachleute seit Jahrzehnten. Sie streiten mit gutem Grund so leidenschaftlich über die Vorgeschichte, denn jede Kraft, die vor derart kurzer Zeit den meisten Großtieren der Erde den Garaus machen konnte, ist vielleicht auch eine Bedrohung für die lebende Megafauna einschließlich uns selbst.

Vor diesem Hintergrund ist es eigentlich verblüffend, dass für die Untersuchung des Phänomens weltweit noch nicht einmal so viel Geld ausgegeben wird wie für ein einziges Kampfflugzeug.

Viele Fachleute, die sich mit derartigen Vorgängen befassen, sind Spezialisten aus einem ganz bestimmten Fachgebiet (zum Beispiel Paläontologie, Klimaforschung oder Archäologie), und sie arbeiten meist nur in einer einzigen Region der Erde. Dieses Buch verfolgt unter anderem das Ziel, die wissenschaftlichen Argumente für die Ursachen des großen Aussterbens in einen sinnvollen Zusammenhang zu stellen. Dazu zeichnet es zum ersten Mal ein globales Bild der Monster und der Menschen, die sie entdeckten.

Außerdem hat es etwas Befriedigendes, wenn man weiß, woher wir kommen. Die meisten Menschen wissen, wo ihre Eltern und Großeltern geboren wurden, aber nur die wenigsten können etwas darüber sagen, wo ihre entfernteren Vorfahren vor ein paar Jahrtausenden lebten oder wie das Leben zu jener Zeit aussah. Die jüngere Vergangenheit war eine Zeit großer klimatischer, ökologischer und kultureller Veränderungen, und erst durch sie erwarb unsere Art die Eigenschaften, die wir als typisch menschlich bezeichnen: das Leben in sozialen Gemeinschaften, die komplizierte Technologie, Sprache, Kunst und Kultur, Denken, Lachen und Fühlen. Wenn wir uns selbst verstehen wollen, sollten wir uns als Allererstes diese Vergangenheit vor Augen führen.

Durch die Rekonstruktion der Vorgeschichte können wir auch viele Annahmen über prähistorische Menschen und Tiere infrage stellen. So sprechen wir beispielsweise gern von „Entdeckern" oder „Pionieren", wenn wir neuzeitliche europäische Abenteurer wie Christoph Columbus, Kapitän Cook oder Magellan meinen, aber wenn wir von den Vorfahren der heutigen amerikanischen oder australischen Ureinwohner reden, vermeiden wir solche Begriffe. Das liegt unter anderem an den vielen falschen Darstellungen eiszeitlicher Menschen (oder sogar heutiger indigener Völker) in Filmen, Fernsehdokumentationen, Museen und wissenschaftlicher Literatur. Dort erwecken sie häufig den Eindruck grunzender Untermenschen ohne die heutigen geistigen und sprachlichen Fähigkeiten. Doch das stimmt nicht. Alle Menschen der Erde sind, was ihre Kenntnisse angeht, seit 100.000 Jahren oder vielleicht auch schon viel länger modern – das heißt, sie haben ein Gehirn wie du und ich. Auf welche Tiere unsere Vorfahren auch gestoßen sein mögen, allen verfügbaren Indizien zufolge begriffen sie, was ihnen begegnete. Sie sprachen darüber und gingen damit um, wie es im Wesentlichen auch heutige Menschen tun würden.

Auf einen anderen Grund, warum unsere Vorgeschichte so häufig übersehen wird, hat Jared Diamond von der University of California in Los Angeles hingewie-

▲ Die Vorfahren der heutigen indigenen Völker entdeckten viele Regionen der Erde schon Jahrtausende vor den Europäern. Ihre Pionierleistungen wurden vielfach übersehen.

sen: An den meisten dramatischen Ereignissen waren Nichteuropäer beteiligt, und die hinterließen in der Regel keine schriftlichen Aufzeichnungen. Australische Aborigines, die Ureinwohner der Neuen Welt, Afrikaner und Polynesier spielen in unserem Wissen um die Entdeckung der Erde meist keine Rolle – ihre Ursprünge, ihre Leistungen, ja selbst ihre Existenz werden kaum einmal erwähnt. Ein gutes Beispiel dafür ist ein Zeitungsbericht aus dem Jahr 2002: Darin wurde behauptet, chinesische Kaufleute hätten Amerika 70 Jahre vor Columbus und Australien 350 Jahre vor Captain Cook „entdeckt". Verblüffenderweise erwähnen dieser und andere Berichte mit keinem Wort die Gesellschaften der Ureinwohner in Amerika und Australien, die zweifellos schon Jahrtausende vor den chinesischen und europäischen Abenteurern die Kontinente erkundeten. Wegen solcher auch heute noch üblichen Falschdarstellungen in Verbindung mit den Legenden der einheimischen Völker selbst gelangen wir letztlich zu dem Schluss, die Ureinwohner hätten entweder schon immer dort gelebt, oder sie seien in einem tierähnlichen Zustand dorthin gelangt. Zeichnet man aber die Augenblicke nach, als Menschen die Kontinente entdeckten, so kann man sich nicht der Einsicht verschließen, dass diese ersten Entdecker ihre Leistungen nur mit einem modernen Gehirn, mit Kultur und einer hoch entwickelten, anpassungsfähigen Technologie vollbringen konnten.

Die Augenblicke der ersten Ankunft zu dramatisieren mag töricht erscheinen, aber es ist eine gute Methode, um die Vergangenheit zu erforschen. Die Literatur über solche Themen ist für normale Menschen größtenteils unzugänglich, entweder weil man sie nicht in die Hände bekommt oder weil sie von Experten verschiedener Fachgebiete verfasst wurde und viele unverständliche Fachausdrücke enthält. Glücklicherweise verschaffen Wissenschaftler sich aber zunehmend auch dadurch neue Erkenntnisse, dass sie ihre Befunde mit den Vertretern anderer Fachrichtungen austauschen. Das trägt in Verbindung mit verbesserten Datierungsverfahren sowie neuen Methoden wie experimentelle Archäologie und Paläoökologie dazu bei, dass wir die Vergangenheit besser kennen lernen. Die bildliche Rekonstruktion dieser neuen Kenntnisse ist ein guter Weg, wenn man das Schicksal der Geschöpfe früherer Zeiten aufklären will, und das wiederum führt dazu, dass wir

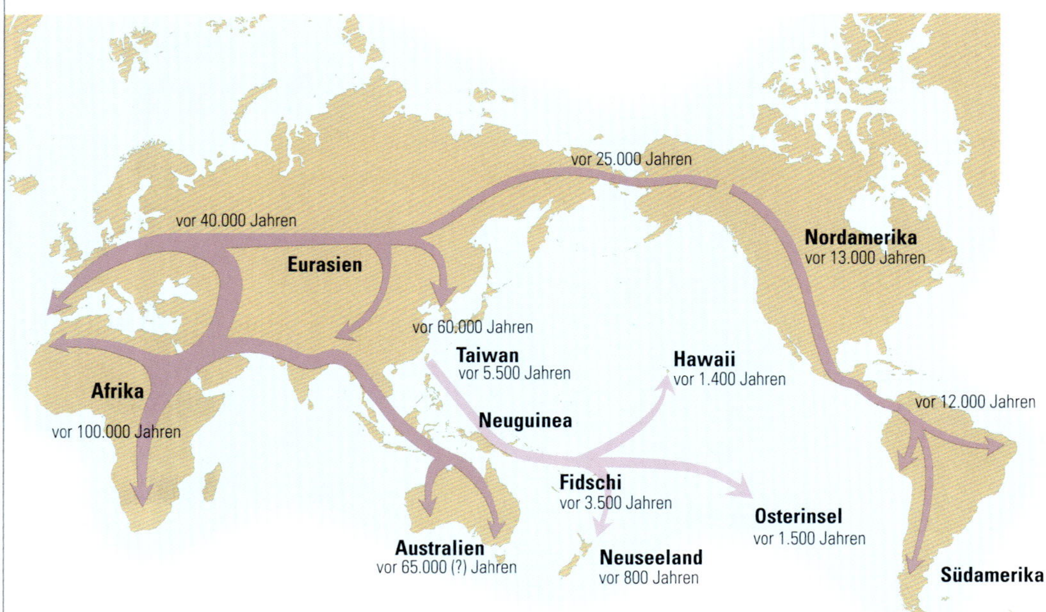

▲ **Die mutmaßlichen Wege, auf denen der moderne Mensch die Kontinente der Erde und die dort lebenden Monster entdeckte, mit den zugehörigen Zeitpunkten.**

nicht nur uns selbst besser verstehen, sondern auch die heutige Lebewelt unseres Planeten.

Der Aufbau dieses Buches folgt dem zeitlichen Ablauf der Besiedelung der Erde. Kapitel 1 befasst sich mit unserer Evolution als neue Art afrikanischer Menschenaffen und mit der Frage, wie unsere lange Beziehung zur Megafauna dieses Kontinents sie und uns geformt hat. Kapitel 2 beschreibt, welchen Tieren die Vorfahren der heutigen Aborigines begegneten, als sie vor über 60.000 Jahren zum ersten Mal nach Australien kamen. Zu jener Zeit waren die Menschen aus dem größten Teil Eurasiens durch eine Eiszeit ausgesperrt. Die ersten Bewohner Australiens müssen mit dem Boot gekommen sein, denn der Kontinent ist schon seit Jahrmillionen eine Insel. Kapitel 3 handelt davon, wie die Vorfahren der Europäer vor 35.000 Jahren ihre eiszeitliche Welt erkundeten, einen eisigen wilden Westen mit Monstern, die eindeutig afrikanisch aussahen. In Kapitel 2 und 3 wird auch ausführlich davon die Rede sein, wie das Klima zum Aussterben der Megafauna auf diesem Kontinent beitrug. Kapitel 4 beschreibt die Besiedelung der Neuen Welt vor 13.000 Jahren durch die Vorfahren der heutigen amerikanischen Ureinwohner, die größte Landnahme durch Menschen, seit *Homo sapiens* Afrika verließ. In Kapitel 5 schließlich geht es um die relativ späte Ausbreitung der Polynesier mit besonderem Schwergewicht auf Madagaskar, Neuseeland und Hawaii. In der Zusammenfassung am Ende werden wir versuchen, diesen Schnelldurchgang durch die Vorgeschichte in einen größeren Zusammenhang zu stellen und seine Bedeutung für die heutige Zeit zu ergründen.

1

AFRIKA

Vor 6 Millionen bis 100.000 Jahren

Haben Sie sich schon einmal gefragt, warum es in Afrika so viele große, gefährliche Tiere gibt? Oder warum wir Filme über Ungeheuer so spannend finden? Die Antworten auf solche Fragen dürften tief in unserer Vergangenheit liegen, als unsere Vorfahren ihren Lebensraum mit den Furcht einflößenden Großtieren Afrikas teilten. Ist unser afrikanischer Ursprung die Erklärung für unsere besondere Beziehung zu den Tieren dieses Kontinents, für die Tatsache, dass sie bis heute überlebt haben?

◄ Die heutigen Monster Afrikas wie der Afrikanische Elefant *(Loxodonta africana)* entwickelten sich zusammen mit den Menschen – vielleicht haben sie deshalb überlebt.

Berge der Schöpfung

Um unsere einzigartige Beziehung zu den Tieren Afrikas zu verstehen, müssen wir etwas über Geschichte wissen. Besonders wichtig ist dabei ein geologisches Ereignis, das eine neue Gruppe von Ungeheuern entstehen ließ. Die Anhaltspunkte für diesen Vorgang finden wir in unseren Genen: Wie man aus DNS-Vergleichen weiß, sind die afrikanischen Menschenaffen unsere nächsten Verwandten im Tierreich. Am engsten sind wir mit den beiden heute lebenden Schimpansenarten verwandt, der Gorilla ist geringfügig weiter entfernt. Aber wie sind die Unterschiede zwischen uns und den anderen Menschenaffen entstanden? Die Antwort auf diese Frage liegt zum Teil in der Entstehung einer riesigen Kette aus Bergen und Tälern vor rund sechs Millionen Jahren in Ostafrika.

▲ Nachdem in Ostafrika das Große Rift-Tal entstanden war, wurde das Klima noch trockener. Eine Gruppe von Menschenaffen stieg von den Bäumen und lernte, aufrecht zu gehen.

Familienschicksal

Vor sechs Millionen Jahren, im Miozän, lebten die gemeinsamen Vorfahren von Schimpansen und Menschen in den riesigen tropischen Waldgebieten, die sich ohne Unterbrechung von der afrikanischen Atlantikküste bis zum Indischen Ozean erstreckten. Irgendwann rutschte das Land beiderseits eines gewaltigen Risses in der Erdkruste ab: Die westliche Seite wurde zu Bergketten in die Höhe gehoben, die östliche senkte sich und bildete Aufsehen erregende Täler. Die neuen Gebirge hatten in Verbindung mit dem trockener gewordenen Klima tief greifende Auswirkungen auf die Pflanzen und Tiere der Region. Im Westen blieb der tropische Regenwald erhalten, aber von Ostafrika hielten die Gebirge den Regen ab, sodass eine trockenere, offene Savannenlandschaft entstand. Diese Zweiteilung Afrikas schuf die Voraussetzung für die Geschichte der Menschheit. Die Menschenaffen waren getrennt: Eine Gruppe blieb westlich des Rift-Tals in den Wäldern und entwickelte sich zu den heutigen Schimpansen und Gorillas, die andere musste in der trockenen Umwelt des Ostens von den Bäumen herabsteigen und schlug den Weg zum Menschsein ein. Die Geologie prägt die Geschichte. Hätte sich das Rift-Tal nicht an dieser Stelle gebildet, würden wir noch heute auf den Bäumen leben. So aber wimmeln mittlerweile sechs Milliarden Exemplare der Art *Homo sapiens* auf der Erde, und die anderen Menschenaffen werden von uns für Experimente benutzt, wir stellen sie zur Schau, zerstören ihre Lebensräume und essen sie sogar, sodass heute jeweils nur noch ein paar tausend von ihnen übrig sind.

Die Arten in unserer Abstammungslinie, die in der Evolution nach unserer Trennung von den Schimpansen entstanden sind, bezeichnet man in der Wissenschaft als Hominiden. Seit unsere Wege sich trennten, hatten die Schimpansen sechs Millionen Jahre Zeit für Veränderungen. Aber nach Ansicht der meisten Fachleute haben sie noch heute viele wichtige Merkmale mit den frühen Hominiden gemeinsam. Fossilien liefern uns dabei faszinierende Anhaltspunkte.

Erste Schritte

Die ältesten bisher entdeckten Hominidenfossilien dürften 4,5 Millionen Jahre alt sein und stammen aus Afrika. Diese wenigen Knochen lassen darauf schließen, dass die ersten Mitglieder unserer Gruppe, beispielsweise *Ardipithecus ramidus*, zumindest unbeholfen aufrecht gehen konnten, sich aber die meiste Zeit auf den Bäumen aufhielten. Dass sie die Fähigkeit zum aufrechten Gang besaßen, kann man aus dem Bau ihrer Bein- und Hüftknochen schließen, die gebogenen Handknochen und riesigen Ansatzstellen für die Fingermuskeln sind dagegen Indizien für die immer noch vorhandene Anpassung an das Leben in den Baumkronen.

Die ältesten Hominiden, von denen wir eine gute Auswahl von Skelettresten kennen, gehören zur Gattung *Australopithecus* (dem „Süd-Affen"), die vor rund vier Millionen Jahren auf der Bildfläche erschien. Es gab viele Arten von Australopithecinen; alle waren mit 1 bis 1,50 Meter Größe erstaunlich kleine Tiere. In Größe und Stämmigkeit bestanden zwischen den Geschlechtern bemerkenswerte Unterschiede: Die Männchen waren viel größer als die Weibchen, und alle

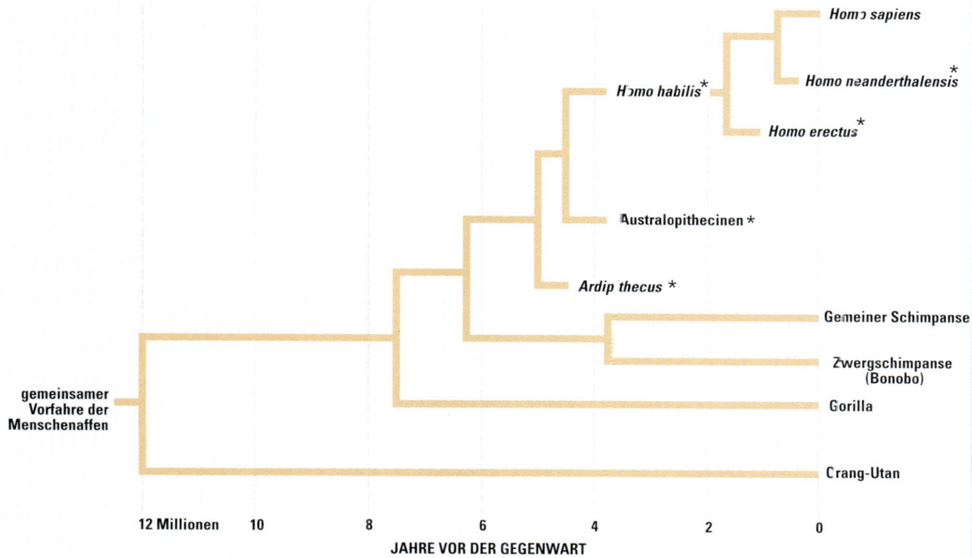

▲ Stammbaum der großen Affen. Die Schimpansen spalteten sich vor über fünf Millionen Jahren von unserem gemeinsamen Vorfahren ab. Ausgestorbene Gruppen sind durch Sterne gekennzeichnet.

▶ Fußabdrücke einer Australopithecinenfamilie in Vulkanasche bei Laetoli in Tansania. Sie sind der Beweis, dass unsere Vorfahren seit mindestens 3,5 Millionen Jahren aufrecht gehen konnten.

lebten vermutlich wie die heutigen Schimpansen in umfangreichen Familienverbänden. Als Nahrung dienten ihnen Früchte, Pflanzenwurzeln und auch Tierkadaver, die Raubtiere übrig gelassen hatten.

Die Fossilien verraten, dass sie sich in ihrer Lebensweise stark von anderen Tieren unterschieden – die Beinknochen lassen auf eine Anpassung an den aufrechten Gang schließen, gebogene Finger und Zehen sind aber auch ein Indiz dafür, dass sie noch einen Teil ihrer Zeit auf den Bäumen verbrachten. Einen eindeutigen Beweis für den aufrechten Gang liefern 3,5 Millionen Jahre alte Fußabdrücke, die bei Laetoli in Tansania in Vulkanasche erhalten geblieben sind. Die Spuren stammen von einer kleinen *Australopithecus*-Gruppe, vielleicht von Vater, Mutter und Kind.

Würden wir heute in Afrika auf Australopithecinen stoßen, könnten wir sie leicht mit einem kleinen Schimpansenrudel verwechseln, das sich erstaunlich weit vom bewaldeten Gebiet entfernt hat und ungewöhnlich gut auf zwei Bei-

nen gehen kann. Diese kleinen Hominiden waren die Pioniere einer neuen, gefährlichen zweibeinigen Lebensweise in den Savannen Afrikas mit ihren vielen Raubtieren. Eine Art von *Australopithecus* war mit ziemlicher Sicherheit der Urahn unserer Gattung *Homo*.

Drei bis vier Millionen Jahre lang lebten die verschiedenen Hominidenarten ausschließlich in Afrika. Dieser Zeitraum ist so lang, dass es uns schwer fällt, ihn ganz zu begreifen oder seine Bedeutung zu ermessen. Die meisten Fachleute haben ignoriert, wie gefährlich das afrikanische „Ausbildungslager" für unsere Vorfahren war und wie die lange Epoche uns, unseren Geist und unsere Beziehung zu den Tieren der Erde geformt hat. Wenn wir uns selbst, die großen Tiere und unsere heutige, beherrschende Stellung auf der Erde besser verstehen wollen, lohnt es sich, diese Phase unserer Geschichte ein wenig eingehender zu betrachten.

▲ ***Australopithecus afarensis*** **wagte sich in die gefährliche Welt außerhalb der Wälder.**

◄ **Würden wir heute einer Gruppe Australopithecinen begegnen, könnten wir sie leicht mit Schimpansen verwechseln. Damals lebten mehrere Arten nebeneinander, aber nur eine brachte unsere Gattung *Homo* hervor.**

In tödlichem Gelände

Wandlung vom baumbewohnenden Affen zum aufrecht gehenden Hominiden – das hört sich glanzvoll an, war in Wirklichkeit aber wohl eher ein Albtraum. Das immer trockenere Klima vertrieb unsere Vorfahren von den Bäumen, und als sie aufrecht gingen, waren sie anfangs sehr verletzlich. Die afrikanische Savanne beherbergt eine atemberaubende Vielfalt großer, gut bewaffneter und äußerst gefährlicher Tiere, die ihrerseits von einigen der Furcht erregendsten Räuber der Erde gejagt werden. Diese Welt und alles, was danach kam, war keine paradiesische Wiesenlandschaft, sondern eine tödliche Arena, und in Afrika war diese von Rudeln Fleisch fressender Jäger besiedelt, so von den riesigen Hyänen (*Crocuta, Hyaena, Pachycrocuta*), Hunden in der Größe von Wölfen mit Sichelzähnen (*Canis, Cuon*), bizarren Großkatzen (*Megantereon*) und den großen Gruppen der Löwen (*Panthera leo*). Ein solches Umfeld, so scheint es, ist alles andere als ideal,

DINOFELIS

Zur Gattung *Dinofelis* werden mehrere Arten von Säbelzahnkatzen gezählt, die vor 5 bis 1,4 Millionen Jahren in den Savannen Afrikas, Europas und Asiens lebten.

Dinofelis schlich sich dicht an die Beute heran und erlegte sie dann im Überraschungsangriff. Wahrscheinlich konnten die Katzen wie heutige Leoparden auf Bäume klettern – unsere Vorfahren waren also selbst an ihren sichersten Zufluchtsorten in tödlicher Gefahr. Mehrere Australopithecinenschädel mit Zahnspuren von *Dinofelis* beweisen, dass unsere Vorfahren lange Zeit Beute waren.

▲ **Hominiden waren für Monster wie Dinofelis meist Beute und nicht etwa Räuber.**

▶ **Eine lange gemeinsame Geschichte verbindet den Menschen mit dem Löwen (*Panthera leo*), für den er zunächst Beute, dann Konkurrent war.**

▲ Heute sind die meisten gefährlichen Monster in Afrika Pflanzenfresser. Flusspferde (*Hippopotamus amphibius*) sehen harmlos aus, töten aber mehr Menschen als die afrikanischen Raubtiere.

wenn man nur etwas über einen Meter groß ist und gerade erst gehen lernt. Bäume müssen für unsere frühen Vorfahren reizvolle Zufluchtsstätten gewesen sein, auch wenn Katzen ebenfalls auf Bäume klettern können. Der Gedanke, dass Raubtiere unserer Abstammungslinie ein Ende hätten machen können, bevor sie richtig begonnen hatte, ist durchaus nicht abwegig. Aber die riesigen natürlichen Feinde waren wahrscheinlich nur ein Teil des Problems.

Den wenigsten Menschen ist klar, welche Tiere in Afrika am gefährlichsten sind, nämlich die mörderischen Pflanzenfresser. Touristen, die heute afrikanische

DEINOTHERIEN

Die Deinotherien, riesige Vettern der heutigen Elefanten, lebten vor 20 bis 1,5 Millionen Jahren und waren noch zur Zeit der Australopithecinen weit verbreitet. Die Männchen brachten es auf eine Schulterhöhe von vier Metern, die Weibchen waren mit 3,50 Meter etwas kleiner. Wie ihre modernen Verwandten ernährten sich die Deinotherien nicht von Gras, sondern von Bäumen und Sträuchern. Obgleich sie Pflanzenfresser waren, ging von ihnen wegen ihrer Größe und ihres Instinkts, die Jungen zu beschützen, große Gefahr aus. Die Deinotherien hatten einen spezialisierten Rüssel, mit dem sie wahrscheinlich Bäume umknickten und die Rinde abschälten.

▼ **Die Deinotherien entwickelten sich über Jahrmillionen hinweg gemeinsam mit den Menschen.**

Nationalparks besuchen, kommen viel häufiger durch Pflanzenfresser ums Leben als durch Fleischfresser. Von den fünf gefährlichsten Großtieren im modernen Afrika sind vier so genannte Herbivore (Elefant, Kaffernbüffel, Flusspferd und Nashorn), und nur eines (der Löwe) ist ein Raubtier. Früher, bevor der Mensch begann, die Lebensräume zu zerstören, waren solche großen, gefährlichen Tiere noch wesentlich zahlreicher. Angesichts der vielgestaltigen, angriffslustigen Großtiere Afrikas ist es erstaunlich, dass wir überhaupt am Leben geblieben sind.

Die herkömmlichen Geschichten über das Leben der ersten Hominiden betonen immer wieder, unsere Vorfahren seien begabte Jäger gewesen. Als man im 19. und 20. Jahrhundert die ersten Hominidenfossilien fand, wollten die Wissenschaftler unbedingt nachweisen, wie menschenähnlich diese Lebewesen waren – mit der Entdeckung von Tieren, die im Wesentlichen Vegetarier waren und sich auf Bäumen versteckten, hätten sie der Welt nicht klarmachen können, dass sie auf unsere erhabenen Vorfahren gestoßen waren.

Der Paläoanthropologe Raymond Dart von der University of Witwatersrand in Südafrika deutete die Australopithecinenfossilien aus mehreren südafrikanischen Höhlen als Beweis, dass die ersten Hominiden Fleisch fressende Höhlenbewohner waren. In den vielen Tierknochen, die in den gleichen Höhlen ans Licht kamen, sah er die Überreste von Beutetieren, die man nach Hause gebracht und in aller Ruhe verzehrt hatte. Dart identifizierte sogar Gegenstände, die er für von Menschen hergestellte Werkzeuge hielt, darunter die Unterkiefer und andere Knochen großer Antilopen. Er interpretierte sie als Knüppel, Sägen und Grabwerkzeuge. Knochenbrüche bei den Hominidenfossilien waren nach seiner Vorstellung durch Kämpfe entstanden, die verschiedene Gruppen mit solchen „Waffen" ausgefochten hatten.

Erst in jüngerer Zeit kam nach und nach die Wahrheit ans Licht. Zu verdanken ist es dem Paläontologen C. K. Brain vom Transvaal Museum in Pretoria, der die Fossilien noch einmal genau untersuchte. Die Australopithecinen waren wahrscheinlich keineswegs Höhlen bewohnende Jäger; dass sie überhaupt Höhlen als Unterschlupf benutzten oder große Tiere jagten, erscheint heute sehr unwahrscheinlich.

Die nähere Betrachtung der gebrochenen Knochen legt vielmehr den Verdacht nahe, dass die Australopithecinen und andere große Tiere von Raubtieren in die Höhlen gezerrt wurden, wo dann auch Wildschweine in aller Ruhe an den Knochen nagten. Bäume, die über einen Höhleneingang hängen, eignen sich für Leoparden und andere Raubkatzen ausgezeichnet als Hinterhalt und Speisekammer. Die Überreste (in diesem Fall die Knochen unserer Vorfahren) fielen dann in die darunter liegende Höhle und blieben erhalten, sodass die Wissenschaftler späterer Zeiten sie falsch interpretieren konnten.

Untermauert wird Brains Theorie durch ein gruseliges Fundstück aus einer solchen Höhle in Südafrika, der Ausgrabungsstätte von Swartkrans. Ein dort gefundener Schädel eines jungen Australopithecinen hat zwei Löcher, die genau zu den unteren Reißzähnen einer Raubkatze passen. Vielleicht entstanden sie, als das Opfer getötet oder von der Katze auf einen Baum gezerrt wurde. An Raubtierlagern in südafrikanischen Höhlen sind bis heute Fossilien von 140 Austra-

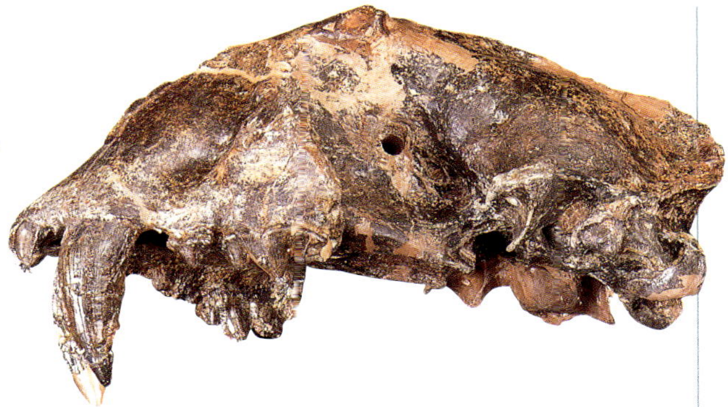

▲ **Links: Schädel von *Australopithecus robustus* aus dem südafrikanischen Transvaal. Zwei Bissspuren passen zu den Reißzähnen von Großkatzen wie *Dinofelis* (rechts), die Menschenaffen fraßen.**

lopithecinen ans Licht gekommen, viele davon mit den Spuren von Zähnen oder Klauen großer Raubkatzen oder Hyänen. Der hohe Anteil von Primatenfossilien in diesen Höhlen legt die Vermutung nahe, dass mindestens eine Raubtierart sich auf Paviane und Frühmenschen spezialisiert hatte. Heute ist klar, dass die Hominiden aus Darts südafrikanischen Höhlen keine dort ansässigen Räuber waren, sondern unglückliche Opfer – keine jagenden Menschen, sondern Gejagte.

Noch heute fallen Menschen, die keine Feuerwaffen besitzen und in der unberührten Natur leben, leicht Raubtieren zum Opfer. Nach einer neueren Schätzung von Anthropologen sind beim Volk der Ache im Amazonasgebiet sechs Prozent der Todesfälle unter jungen Erwachsenen auf Jaguare zurückzuführen. Andere Wissenschaftler fanden in Uganda Belege dafür, dass in einem erst kürzlich zu Ende gegangenen Zeitraum von 80 Jahren mindestens 393 Menschen von Löwen, Leoparden und Tüpfelhyänen getötet wurden. Diese modernen Opfer waren erheblich größer als unsere frühen Vorfahren; sie hatten ein größeres Gehirn, waren vielfach bewaffnet und von einer viel kleineren Raubtierpopulation umgeben. Damit machen sie auf drastische Weise deutlich, mit welchen Schrecken unsere Vorfahren sich auseinander setzen mussten.

Angesichts solcher Tatsachen können wir uns vorstellen, wie die Großtiere Afrikas nicht nur unseren Körper, sondern auch unseren Geist geformt haben. Die Jahrmillionen, die wir in der Angst vor Fleisch fressenden Tieren lebten, sind eine Erklärung für die unterschiedlichsten Phänomene, so für unsere Angst vor der Dunkelheit, für unsere guten Leistungen bei Ballwurfspielen (s. Seite 28) und für die Faszination, die Zoos und Monsterfilme ausüben.

PRÄHISTORISCHE BALLSPIELE

Wir unterscheiden uns durch unsere komplizierte Technik von anderen Tieren, aber woher kommt sie? Die ältesten erkennbaren Werkzeuge von Hominiden sind rund 2,5 Millionen Jahre alt. Davor ähnelten ihre Gerätschaften wahrscheinlich denen der heutigen Schimpansen: Steine zum Nüsseknacken und Holzstäbe, mit denen essbare Pflanzen und Kleintiere ausgegraben wurden.

Es gibt aber noch eine andere, von Ungeheuern angeregte Quelle technischer Neuerungen, die uns bis heute erhalten geblieben ist: Primaten schrecken Angreifer schon seit sehr langer Zeit ab, indem sie die Arme schwenken und sogar mit Stöcken oder Steinen werfen; gelegentlich kann man beobachten, wie Schimpansen mit beiden Methoden einen Leoparden vertreiben. Nachdem unsere Vorfahren aufrecht gehen konnten, hatten sie die Hände frei, sodass sie Kraft und Zielgenauigkeit beim Werfen verbessern konnten. Dass sie die Technologie der Wurfgeschosse entdeckten, hing wahrscheinlich unmittelbar mit der Notwendigkeit zusammen, angriffslustige Raubtiere abzuwehren. Erst später wurden Stöcke und Steine dann auch zur Aasverwertung und für die Jagd benutzt.

Heute sind wir sicher die besten Steinewerfer der Welt – das erkennt man bei jeder Baseball- oder Handballpartie.

▼ **Schimpansen benutzen häufig Werkzeuge zur Nahrungsgewinnung und Selbstverteidigung. Hier knacken sie Nüsse mit Hilfe von Steinen.**

Nachdem unsere Vorfahren gelernt hatten, ihre Angreifer mit geworfenen Stöcken oder Steinen abzuwehren, bestand der nächste Schritt der Werkzeugtechnik – und der war groß, aber relativ einfach – darin, einen Stein (oder Knochen) an einen anderen zu schlagen und so scharfe Splitter und Steinkerne zu erzeugen. Solche einfachen Gerätschaften entstanden anfangs vielleicht durch Zufall – beispielsweise beim Nüsseknacken –, aber schon bald dienten sie dazu, an zuvor unzugängliche Nahrung heranzukommen.

Aasgeier Mensch

Natursendungen im Fernsehen zeigen häufig Geier, die sich um Aas balgen – ein Anblick, der uns mit Abscheu erfüllt. Das ist eine Ironie der Geschichte, denn während des größten Teils unserer Vergangenheit machten auch unsere Vorfahren sich über tote Tiere her. Die technische Neuerung der Steinwerkzeuge versetzte die ersten Arten der Gattung *Homo* nämlich nicht nur in die Lage, sich zu verteidigen, sondern sie veränderte auch unser Verhältnis zur Megafauna der Erde.

Die ältesten gemeinsam aufgefundenen Tierknochen und Steinwerkzeuge sind rund 2,5 Millionen Jahre alt. Es gibt mehrere Theorien darüber, was die Verbindung bedeuten könnte. Sind die Knochen- und Steinanhäufungen an ostafrikanischen Fundstellen wie Olduvai und Koobi Fora die Überreste von Lagern, zu denen die Nahrung transportiert wurde? Waren sie Orte, an denen Hominiden ums Leben kamen? Oder enthalten sie nur die Überreste von Tieren, die un-

▼ **Die Steinwerkzeuge blieben über sehr lange Zeit fast unverändert. Der linke Faustkeil ist 350.000, der rechte rund eine Million Jahre alt.**

sere Vorfahren als Aas verwerteten? Nach den Werkzeugen zu urteilen erscheint die letzte Möglichkeit am wahrscheinlichsten. Nichts deutet darauf hin, dass diese Steinwerkzeuge als Speer- oder Pfeilspitzen verwendet wurden, und die afrikanischen Großtiere auf kurze Distanz mit solchen Gerätschaften anzugreifen, wäre Selbstmord gewesen. Man könnte sich vorstellen, dass die scharfen Steingeräte zur Herstellung hölzerner Jagdspeere dienten, aber es gibt bisher keine Indizien, dass Tiere durch solche Waffen verletzt wurden. Der *Homo erectus* war vor 1,8 Millionen Jahren wahrscheinlich noch nicht in der Lage, ständig große Tiere zu jagen, aber das hielt die Hominiden nicht davon ab, Kadaver zu verwerten, wenn sie welche fanden.

Viele Raubtiere – Leoparden, Geparde und sogar Löwen – verlassen ihre Beute, wenn sie von einem Rudel Hyänen angegriffen werden. Da erscheint es nur logisch, dass unsere Vorfahren es den Hyänen nachmachten und die Raubtiere von der Beute vertrieben, nachdem sie gelernt hatten, wie man Großkatzen abwehrt.

Aber zwischen Hyänen und Menschen besteht mindestens ein wichtiger Unterschied: Hyänen haben scharfe Zähne, mit denen sie ein Tierfell aufschlitzen, und eine Brechschere, mit der sie die Knochen zermalmen können. Diese Ausstattung hatten die Hominiden nicht. Es mag seltsam erscheinen, aber ohne solche Hilfsmittel konnten die Frühmenschen ein totes Tier nicht als Nahrung verwerten. Tierhäute sind unglaublich zäh, und Knochen lassen sich nur schwer knacken, solange man sie nicht vom übrigen Körper abgetrennt hat. Die neu erfundenen Steinsplitter und scharfen Knollen dienten quasi als Rasiermesser, um Fell und Sehnen zu durchtrennen. Nun hatten die Hominiden Zugang zu essbaren Teilen wie Knochenmark und Gehirn, die von Großkatzen und anderen Raubtieren häufig zurückgelassen werden.

Doch nachdem die scharfen Steinsplitter und Keile erfunden waren, gab es in ihrer Konstruktion und Herstellung eine volle Million Jahre lang keinen nennenswerten technischen Fortschritt mehr. Erst vor rund 2,5 Millionen Jahren erfand *Homo erectus* den tropfenförmigen Faustkeil. Dass die technische Weiterentwicklung so lange ausblieb, können wir uns heute überhaupt nicht vorstellen, und es zeigt deutlich, wie weit diese Frühmenschen in ihren geistigen Fähigkeiten noch von uns entfernt waren. Wenn man zwischen Menschen und Tieren eine Trennung vornehmen will, war *Homo erectus* noch ein Tier.

Das Blatt wendet sich

Anhaltspunkte dafür, dass große Tiere in der Ernährung von *Homo erectus* allmählich eine immer größere Rolle spielten, liefern die Zähne unserer Vorfahren: Sie lassen eine ganz andere Form der Abnutzung erkennen als das Gebiss früherer Hominiden. Die Veränderung fällt mit einem anderen Indiz zusammen: den ersten Schnittspuren von Steinwerkzeugen an Knochen. Die Werkzeuge dienten offensichtlich dazu, das Fleisch vom Kadaver abzuschneiden und Sehnen oder Bänder zu durchtrennen, sodass man die Gelenke aufbrechen konnte. Interessanterweise sieht es so aus, als hätte *Homo erectus* sich als Erster an den Knochen zu schaffen gemacht, denn die Zahnspuren von Raubtieren liegen über den Kerben, die auf Steinwerkzeuge zurückgehen. Im umgekehrten Fall liegen die Zahnspuren tiefer, das heißt, die Frühmenschen betätigten sich als Aasverwerter.

Faszinierend ist die Erkenntnis, dass das größte Massenaussterben unter den afrikanischen Großtieren sich im frühen Pleistozän vor rund 1,7 Millionen Jahren abspielte und damit ungefähr mit der Entstehung der neuen Steinwerkzeuge zusammenfällt. Vielleicht kennzeichnet das Aussterben der Großtiere unsere Verwandlung von der Beute zum Räuber und die erste größere Auswirkung unserer Abstammungslinie auf die Umwelt. Wenn das stimmt, müssen wir uns in Zukunft mit unserer entfernten Vergangenheit beschäftigen, wenn wir unsere Beziehung zur Natur verstehen wollen.

Out of Africa

Ungefähr drei Millionen Jahre dauerte es, bis Hominiden die ersten zögernden Schritte außerhalb Afrikas unternahmen. Den Anfang machte *Homo erectus* vor 1,8 Millionen Jahren. Körper- und Gehirngröße waren zu jener Zeit bereits dramatisch gewachsen. Das große Gehirn ist wahrscheinlich die Erklärung, warum *Homo erectus* als Erster unserer Vorfahren mit den widrigeren Klimabedingungen in Eurasien zurechtkam.

In größeren Gebieten Eurasiens fassten erste Frühmenschen der Art *Homo erectus* aber offenbar erst vor rund 800.000 Jahren Fuß. In weiten Teilen Europas herrschte ein brutales Eiszeitklima, das bis dahin eine Besiedelung verhinderte. Aber nicht nur aufrecht gehende Affen verließen Afrika. Auch viele Tiere, die sich auf diesem Kontinent parallel zu unseren Vorfahren entwickelt hatten, wanderten im Pliozän (vor 5 bis 2,3 Millionen Jahren) auf der gleichen Route wie *Homo erectus* über den Nahen Osten nach Eurasien. Andere, insbesondere wenn sie wie Flusspferde und Elefanten schwimmen konnten, vollzogen die Reise vielleicht durch Inselhüpfen von Nordafrika über das Mittelmeer. Am Ende waren viele Tiere, denen *Homo erectus* in Asien und Südeuropa begegnete, den Hominiden bereits vertraut. Wahrscheinlich war den Vormenschen überhaupt nicht klar, dass sie Afrika verlassen hatten. In Eurasien trafen sie auf Fleischfresser wie die Hyäne (*Pachycrocuta brevirostris*), die Säbelzahnkatze (*Megantereon whitei*) und den Hund (*Canis falconeri*). Aber jetzt waren unsere Vorfahren mit ihren neu erworbenen Verteidigungsfähigkeiten als Beute bei weitem nicht mehr so attraktiv.

Ungefähr zu dieser Zeit widmeten die Hominiden wahrscheinlich den Hyänen besondere Aufmerksamkeit, denn diese Tiere arbeiten koordiniert im Rudel zusammen und können deshalb sowohl selbst erfolgreich auf die Jagd gehen als auch den größten Raubtieren ihre Beute stehlen. Für *Homo erectus* müssen sie ernst zu nehmende Gegner und gleichzeitig ein eindrucksvolles Vorbild gewesen sein. Wahrscheinlich blieben unsere Vorfahren in Begegnungen mit Hyänen meist nur zweiter Sieger, denn ihnen fehlten noch wirksame Waffen wie der Speer, die sie auf größere Distanz einsetzen konnten.

Ungefähr vor einer halben Million Jahren wanderten mehrere moderne Raubtierarten aus Afrika nach Eurasien ein. An die Stelle der Riesenhyänen trat die heutige Tüpfelhyäne (*Crocuta crocuta*), Löwe und Leopard (*Panthera pardus*) verdrängten die Säbelzahnkatzen. Diese Veränderungen in der Tierwelt erschwerten den Hominiden vermutlich die Aasverwertung – die neuen Raubtiere fraßen

EIN BEWUNDERNSWERTER MENSCH

Als Erster unserer Vorfahren erkundete *Homo erectus* die Welt außerhalb Afrikas. Dank seines größeren Gehirns konnte er lange Strecken zurücklegen, systematisch Werkzeuge herstellen, sich einen Heimatstützpunkt mit Vorräten einrichten und vielleicht sogar das Feuer nutzen. Dies waren die notwendigen Voraussetzungen, um Afrika zu verlassen und den kalten, dunklen Winter in Eurasien zu überleben.

Homo erectus war eine sehr erfolgreiche Spezies, die über 1,5 Millionen Jahre lang erhalten blieb. Unsere eigene Art, *Homo sapiens,* ist im Vergleich dazu ein Nachzügler: Es gibt sie erst seit vielleicht 200.000 Jahren.

Wir machen uns zwar oft über unsere Vorfahren lustig, in Wirklichkeit müssen wir aber selbst erst noch beweisen, dass wir langfristig überleben können.

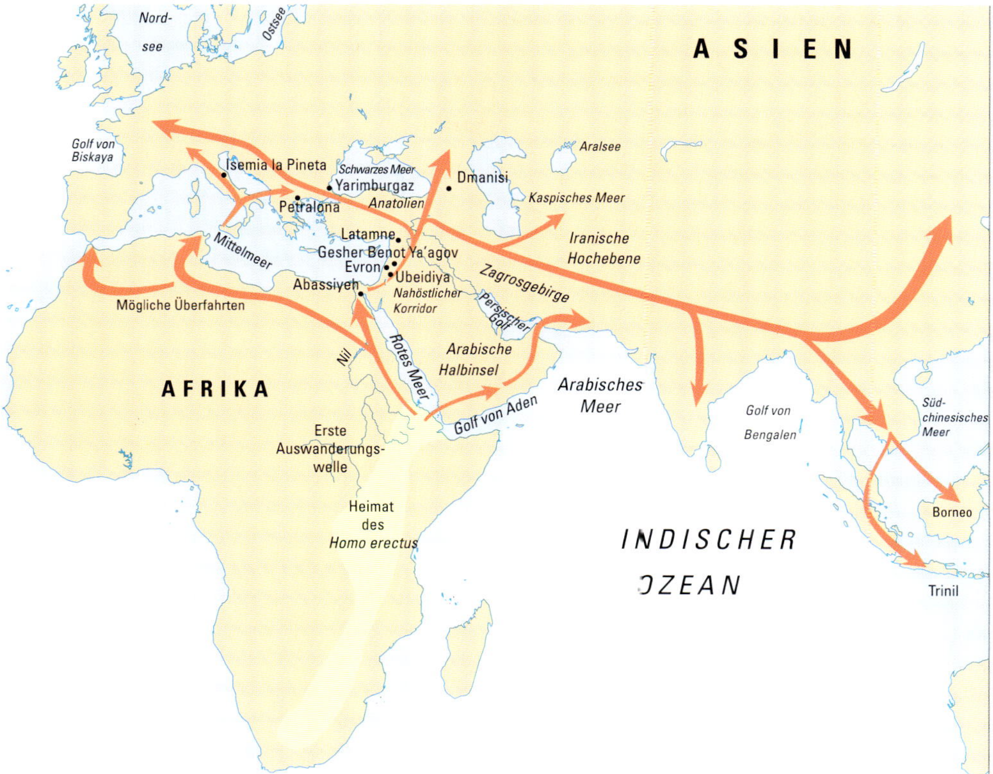

▲ **Routen, auf denen *Homo erectus* nach Eurasien vorgedrungen sein könnte.**

größere Teile ihrer Beute und ließen für Aasfresser nur wenig zurück. Das Verhalten und sogar der Gesichtsausdruck der Löwen lassen noch heute darauf schließen, dass sie uns vorwiegend als Konkurrenten und nicht als Beute betrachten. Gleichzeitig boten neue Hirsch-, Rinder-, Nashorn- und Pferdearten den Vormenschen in Europa aber auch neue Möglichkeiten.

Von der ersten Besiedelung Europas durch unsere Art wird in Kapitel 3 ausführlich die Rede sein. Es lohnt sich aber, einen Teil der Indizien jetzt schon zu betrachten, denn derzeit gibt es an den europäischen Grenzen nach Afrika mehr archäologische Fundstätten aus jener Zeit als im Inneren Afrikas selbst.

Die Jäger der Monster

Neuere Funde von Großtierknochen aus Europa liefern Anhaltspunkte, dass unsere Vorfahren vor rund einer halben Million Jahren gezielt auf die Jagd gingen und große Tiere systematisch zerlegten. Bei Boxgrove in England zerteilte *Homo heidelbergensis*, ein Nachkomme von *Homo erectus*, Wollhaarnashörner, Hirsche und Pferde. Anscheinend waren diese Hominiden nun auch mit höher entwickelten Waffen ausgerüstet. Dies zeigt der Schulterknochen eines Pferdes: Er hat ein Loch, das von einem Speer stammen könnte.

Interessanterweise stecken in manchen Knochen noch Bruchstücke der Feuersteinwerkzeuge, die zum Zerlegen verwendet wurden. Eine derart systematische Jagd stellte für unsere Vorfahren einen tief greifenden Wandel dar – jetzt waren sie keineswegs mehr die hilflose Beute, sondern gehörten zu den mächtigsten Raubtieren der Erde.

In Schöningen bei Helmstedt in Deutschland fand man an einer 400.000 Jahre alten Fundstätte nicht nur die Knochen der erlegten Großtiere, sondern auch die Werkzeuge, mit denen sie getötet wurden. Unter den hölzernen Fundstücken, die an dieser Stelle erhalten geblieben sind, befinden sich ein Speer mit zwei Spitzen, der vermutlich auf kurze Distanz zum Erstechen der Tiere benutzt wurde, und mehrere rund zwei Meter lange Wurfspeere. Mit ihnen wurden die Tiere wahrscheinlich aus sicherer Entfernung erlegt.

Anhand dieser Fundstücke erkennt man, dass die ersten europäischen Hominiden kleine und mittelgroße Pflanzenfresser jagen konnten. Aber wie steht es mit den ganz großen Tieren? Erste Indizien, wonach die Hominiden auch Jagd auf Mammuts, Elefanten, Nashörner und Bisons machten, wurden später infrage gestellt und als zufällig entstandene Anhäufungen von Knochen und Steinwerkzeugen erklärt. Im spanischen Arridos haben unsere Vorfahren aber offenbar tatsächlich schon vor 300.000 Jahren Elefanten zerlegt.

Weitere Belege aus der Zeit vor 180.000 Jahren finden sich in La Cotte in der St. Brelade's Bay auf Jersey, wo man in einer Lagerstätte tief unter einer Landspitze zwei Haufen aus Mammut- und Nashornknochen fand. Bei den Knochen handelt es sich offenbar um die Überreste von Tieren, die – vielleicht bei zwei verschiedenen Gelegenheiten – über eine Klippe getrieben wurden. Ein Haufen enthält elf Mammuts und drei Wollhaarnashörner, im anderen wurden sieben Mammuts und zwei Nashörner gefunden. Da ein Mammut über zwei Tonnen und ein Nashorn rund eine Tonne wiegt, stand damit natürlich wesentlich mehr Fleisch zur Verfügung, als eine Hominidengruppe verzehren oder verarbeiten konnte. Wenn die Fundstätte auf Jersey richtig gedeutet wurde, fanden die ers-

▲ In der prähistorischen Kunst ist häufig der Konflikt zwischen Menschen und Großtieren festgehalten. Diese Felszeichnung aus Afrika zeigt einen Menschen auf Elefantenjagd.

ten Massenschlachtungen von Großtieren zumindest hin und wieder schon viel früher statt, als man bis dahin geglaubt hatte.

Erst in letzter Zeit rückt ein beunruhigender Gedanke in unser Bewusstsein: Möglicherweise führten Aufstieg und Verbreitung der Menschen (*Homo sapiens*) dazu, dass andere Mitglieder unserer Familie ausstarben. Fast während unserer gesamten, fünf Millionen Jahre langen Geschichte existierten mehrere Hominidenarten nebeneinander. In Afrika beispielsweise teilten sich mehrere Arten von *Australopithecus* den Kontinent mit dem ersten Vertreter unserer eigenen Gattung *Homo*, der sie anschließend verdrängte. Später findet man zeitliche Überschneidungen von *Homo habilis, Homo rudolfensis* und *Homo erectus*. In jüngerer Zeit, noch vor vielleicht 35.000 Jahren, trafen *Homo sapiens* und der Neandertaler (*Homo neanderthalensis*) in Europa aufeinander. Die meisten Paläontologen sind mittlerweile der Ansicht, unsere Art habe unsere Neandertalervettern entweder in der Konkurrenz überrundet oder regelrecht ausgerottet. Heute gibt es auf der Erde nur noch eine Menschenart: unsere. Wir sind also in der Lage, die Großtiere der Erde entweder direkt oder indirekt auszurotten, selbst dann, wenn es sich dabei um unsere Vettern handelt.

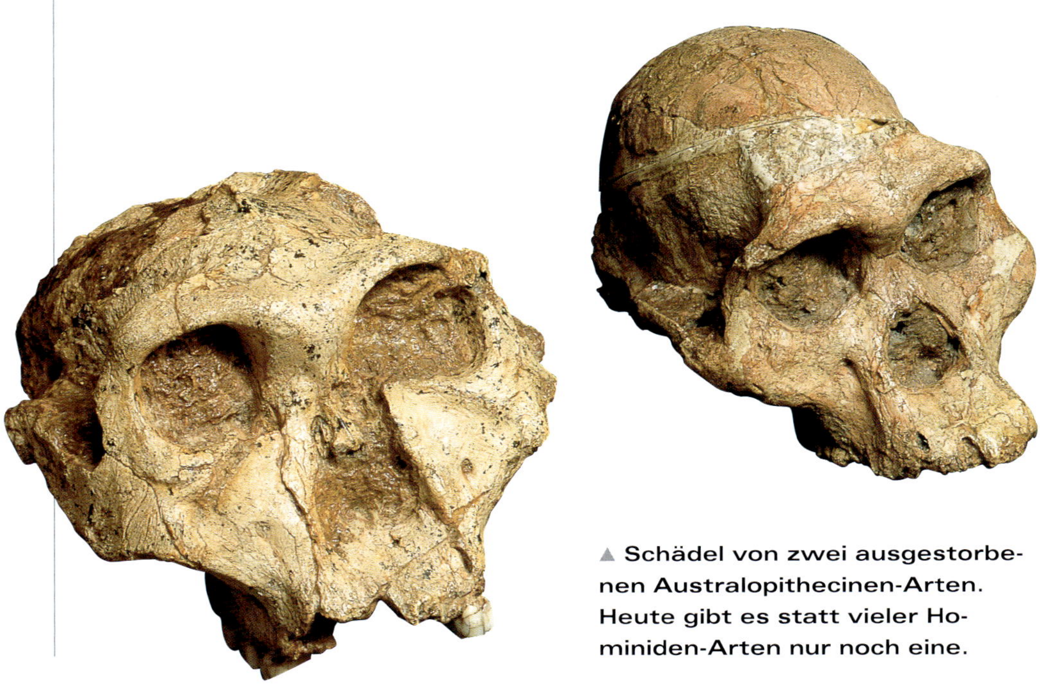

▲ **Schädel von zwei ausgestorbenen Australopithecinen-Arten. Heute gibt es statt vieler Hominiden-Arten nur noch eine.**

Das letzte menschliche Ungeheuer

Nur den wenigsten ist klar, wie jung unsere eigene Art (*Homo sapiens*) wirklich ist. Anatomisch moderne Menschen tauchen in den Fossilfunden erst vor rund 200.000 Jahren zum ersten Mal auf. In der Frage, wie und wo sie in der Evolution entstanden sind, gibt es zwei Denkschulen. Nach Ansicht der Multiregionalisten entwickelten sich verschiedene Populationen von *Homo erectus* in Afrika und Eurasien zum *Homo sapiens.* Die Vertreter der „Out of Africa"-Theorie dagegen sind überzeugt, dass die Jetztmenschen ihren Ursprung in Afrika haben und sich erst später über die ganze Welt verbreiteten, wobei sie die älteren Arten verdrängten. Die Frage ist von großer Bedeutung, denn mit ihrer Hilfe können wir besser abschätzen, wie viel Zeit die Großtiere außerhalb Afrikas hatten, sich auf uns einzustellen.

Wie war es denn nun? Der Multiregionalismus unterstellt eine gleichzeitige Evolution in der gesamten Alten Welt. Das hätte ständigen Genaustausch zwischen Afrika, Europa und Asien erfordert, der durch häufige Wanderungsbewegungen und Kreuzung zwischen verschiedenen Populationen von *Homo erectus* und ihren Nachfolgern gewährleistet wurde. Anhänger der „Out of Africa"-Theorie wie der Paläontologe Chris Stinger vom Londoner Natural History Museum weisen darauf hin, dass die Fossilfunde keinerlei Anhaltspunkt für eine Übergangsart bieten. Eine solche Art hätte es aber geben müssen, wenn *Homo erectus* sich außerhalb Afrikas zum Jetztmenschen weiterentwickelt hätte. Die ältesten Fossilien von Jetztmenschen hat man in Afrika gefunden, und das lässt auf einen afrikanischen Ursprung unserer Art schließen. Außerdem ist auch die starke Ähnlichkeit zwischen den heutigen Bevölkerungsgruppen ein Indiz für einen gemeinsamen Vorfahren, der erst vor recht kurzer Zeit lebte. Deshalb behauptet die „Out of Africa"-Theorie, dass die Jetztmenschen in Afrika entstanden sind und erst relativ spät die ganze übrige Welt besiedelten.

Zur Klärung der Streitfrage bediente man sich der Genetik. Man stellte fest, wie viele Mutationen sich im Laufe der Zeit in verschiedenen Gruppen der Weltbevölkerung angesammelt haben. Auf diese Weise kann man heute abschätzen, wann unser letzter gemeinsamer Vorfahre lebte. Dazu untersuchten die Wissenschaftler nicht das ganze menschliche Genom, sondern nur die so genannte Mitochondrien-DNS oder kurz mtDNS. Da sich in der mtDNS besonders häufig Mutationen ereignen, ist sie hilfreich, wenn man die Evolution in der jüngeren

Vergangenheit nachzeichnen will. Überraschenderweise fand man dabei in der mtDNS von Menschen aus der ganzen Welt nur sehr wenige Unterschiede – weniger als ein Zehntel der Abweichungen, die man innerhalb einer einzigen Schimpansenart beobachtet. Daraus kann man schließen, dass alle heutigen Menschen sehr eng verwandt sind und einen gemeinsamen Vorfahren haben, der vielleicht erst vor rund 200.000 Jahren lebte. Außerdem ist die Vielfalt der mtDNS bei den Afrikanern am größten. Bei ihnen sammeln sich also schon die längste Zeit Mutationen an, sie stellen demnach die ältesten Populationen der Jetztmenschen dar. Diese Befunde sprechen nachdrücklich für die „Out of Africa"-Theorie und legen die Vermutung nahe, dass unsere Vorfahren alle anderen Mitglieder der Hominidenfamilie verdrängten. Wie die anderen Hominiden im Einzelnen verschwanden, ist ein Rätsel. Vielleicht gab es Konflikte zwischen den Arten, vielleicht erlagen sie dem Konkurrenzdruck. Jedenfalls scheint es zwischen den Arten kaum Kreuzungen gegeben zu haben, denn in unserer DNS sind heute erstaunlich wenig Abweichungen zu erkennen.

▼ Alle heutigen Menschen gehören zur Art *Homo sapiens*. Die Konkurrenz mit anderen Hominiden-Arten sowie die Anpassung an immer neue Umweltverhältnisse und Tiere haben uns geprägt.

Revolution im schwarzen Loch

Wenn es uns schon schockierend erscheint, dass *Homo sapiens* erst vor 200.000 Jahren auf der Bildfläche erschien, so ist eine andere Tatsache noch beunruhigender: Archäologischen Befunden zufolge dauerte es danach noch einmal 100.000 Jahre, bis unsere Vorfahren in ihrem Verhalten zu Menschen wurden. Während eines großen Teils unserer Vergangenheit verlief die technologische Entwicklung im Schneckentempo, und die Werkzeuge sehen über große zeitliche und räumliche Strecken hinweg sehr einheitlich aus, was heute völlig undenkbar wäre. Oder, wie Jared Diamond es formulierte: Wenn Außerirdische vor 100.000 Jahren auf der Erde gelandet wären, hätten sie bei den Menschen eine Technologie vorgefunden, die kaum höher entwickelt war als die von Seeottern, Schimpansen, Galapagosfinken und vielen anderen Tieren.

Das alles änderte sich vermutlich relativ plötzlich in einer Phase, die als „Revolution des oberen Paläolithikums" bezeichnet wird. Sie kennzeichnet die Zeit, in der wir zu richtigen Menschen wurden. Vorher waren wir schlicht eine weitere Art großer Tiere; danach schufen wir in großem Umfang vielfältige technische und kulturelle Neuerungen. Die archäologischen Funde und Fossilien aus jener Zeit vor rund 100.000 Jahren sind aber so spärlich, dass die Phase auch als „schwarzes Loch" bezeichnet wird. Und doch wurden wir gerade damals zu dem, was wir heute sind. Wenn zukünftige Wissenschaftler Glück haben und neue Ausgrabungsstätten aus dieser Periode entdecken, werden wir mehr darüber erfahren, wie und warum der Wandel sich abgespielt hat.

Funde aus jüngerer Zeit lassen darauf schließen, dass die Revolution in Afrika begann, aber auch hier liegen die besten Fundstellen im eingehender erforschten Europa, wo *Homo sapiens* ein ganzes Spektrum neuer Produkte herstellte, die so genannten Aurignacien-Werkzeuge. Plötzlich erschienen quer durch Europa etwa 100 Werkzeugtypen mit deutlichen regionalen Unterschieden auf der Bildfläche, ein krasser Gegensatz zur Einheitlichkeit früherer Zeiten. Eine weitere Neuerung des oberen Paläolithikums war die wesentlich größere Häufigkeit von Werkzeugen aus Knochen, Elfenbein und Geweihen – Materialien also, aus denen man bessere Harpunen, Nadeln und Geschosse herstellen konnte.

Manche Funde aus dem Aurignacien sind so dünn und empfindlich, dass man fast durch sie hindurchsehen kann. Sie hatten keinen praktischen Nutzen, sondern waren vermutlich als Kunstgegenstände oder für Rituale von Bedeutung. Ihr Auftauchen kennzeichnet in der geistigen Entwicklung unserer Vorfahren einen deutlichen Schritt nach vorn und macht sie zu Menschen, mit denen auch wir uns identifizieren können.

Die zunehmende Raffinesse der Werkzeuge war mit einem tief greifenden kulturellen Wandel verbunden. Die Menschen wohnten jetzt in größeren Orten und lebten auch nicht mehr in Höhlen oder unter Felsüberhängen, sondern sie bevorzugten Siedlungen in offenem Gelände. Anhaltspunkte für Kontakte über größere Entfernungen und vielleicht sogar für Handel liefern exotische Tiergehäuse und Steine, die weit von ihrem Entstehungsort entfernt gefunden wurden. Sogar Musikinstrumente – Pfeifen und Flöten – tauchen auf. Das obere Paläolithikum brachte Neuerungen in schneller Folge mit sich, und vor rund 30.000 Jahren hatten Höhlenmalerei und andere Kunstformen zumindest in Europa bereits eine anerkannte Tradition. Zwar drückten sich vermutlich auch die Neandertaler bis zu einem gewissen Grade künstlerisch aus, aber bei weitem nicht so reichhaltig und detailliert wie unsere Vorfahren aus der gleichen Periode. Ist es nur Zufall, dass die neuen, höher entwickelten Kunstformen in Eurasien kurz nach der Einwanderung der Jetztmenschen zum ersten Mal auftauchen?

Afrikas lebende Monster

Vom ersten Auftauchen der Hominiden vor fünf Millionen Jahren bis zur Evolution unserer eigenen Art, *Homo sapiens*, vor wenigen zehntausend Jahren bestand zwischen den Vorfahren der Menschen und der Megafauna Afrikas eine einzigartig lange, vielschichtige Beziehung. In keiner anderen Region existierten Hominiden und Großtiere so lange nebeneinander. Die afrikanische Tierwelt hatte mehrere Jahrmillionen Zeit, sich parallel zu uns zu entwickeln, unsere verschiedenen technischen Fortschritte und Verhaltensänderungen mitzuerleben und sich daran anzupassen. Die Tiere Afrikas unterscheiden sich von denen der übrigen Welt schlicht dadurch, dass sie uns die längste Zeit kennen. Da ist es vielleicht nicht verwunderlich, dass sie gegenüber den Menschen ein altes, tief sitzendes Misstrauen hegen. Selbst heute sind die Menschen auf dem Kontinent nicht völlig sicher vor den größten und aggressivsten Fleischfressern der Erde. Wenn afrikanische Raubtiere bedroht werden, handeln sie häufig nach dem Prinzip, erst anzugreifen und später Fragen zu stellen. Das rettete sie wahrscheinlich vor dem Schicksal der Monster anderer Gegenden und ist der Grund, warum Touristen in Afrika und nicht in Mitteleuropa auf Safari gehen – Afrika ist die Heimat der abgehärteten Überlebenden.

Als unsere Vorfahren dank ihres größeren Gehirns immer bessere Waffen entwickelten, konnten sie sich schließlich vor den afrikanischen Raubtieren schützen. Diese Entwicklung machte sie für andere Tiere gleichzeitig zu einem neuen

▲ **Abgehärtete Überlebende: Werden sie bedroht, greifen sie sofort an. Von Nashörnern werden jedes Jahr mehr Menschen verletzt und getötet als von Löwen.**

natürlichen Feind, der noch dazu in gut eingespielten Gruppen auf die Jagd ging. Bei den Pflanzenfressern entwickelten sich allmählich Abwehrmechanismen gegen die neuen Räuber: Sie wurden stärker, größer, schneller und aggressiver.

Die Vorfahren der ersten Tiere, denen die Hominiden bei ihrer Auswanderung aus Afrika begegneten, kamen vom gleichen Kontinent; so stammten die europäischen Mammuts und Nashörner beispielsweise von afrikanischen Vorfahren ab. Vielleicht lag es an dieser teilweise gemeinsamen Vergangenheit, dass die Großtiere Europas bis zu einem gewissen Grade neben den Menschen existieren konnten. Auf entfernteren Kontinenten wie Australien hatten die Ungeheuer der Erde dagegen weniger Glück.

2

AUSTRALIEN

Vor 65.000 Jahren

Jahrtausende bevor Captain Cook in Australien landete, unternahmen die Vorfahren der heutigen Aborigines eine kühne Seereise. Sie kamen in ein Land, beherrscht von Feuer und Dürre und voller riesiger Beuteltiere, mächtiger Reptilien und gewaltiger, flugunfähiger Vögel.

◄ Australien ist der einzige Kontinent, wo Beuteltiere die vorherrschende Gruppe der Säugetiere sind. Die Roten Riesenkängurus waren für unsere Vorfahren sicher ein ungewohnter Anblick.

Eine weit entfernte Welt

Australien ist wahrlich weit weg. Der kleinste aller Kontinente wurde vor 40–45 Millionen Jahren durch die Kontinentalverschiebung von allen anderen Landmassen abgeschnitten. Derart von der übrigen Welt isoliert, entwickelte sich eine bizarre Tier- und Pflanzenwelt, die dem Kontinent im Vergleich zu seinen Nachbarn ein urtümliches, fremdartiges Aussehen verleiht.

Während Australiens langer Isolation wurde das Weltklima kühler und trockener. Die globale Abkühlung wirkte mit der langen Wanderung des Kontinents in nördlichere, wärmere Breiten zusammen und sorgte für den Übergang von ursprünglich dichten Laubwäldern zu trockenerem, offenerem Waldland,

▲ **Mulga-Bäume (Dornakazien) in der Wüste. Das Landesinnere Australiens wurde im Laufe der Zeit immer trockener; und Pflanzen wie die Akazien stellten sich auf das veränderte Klima ein.**

Graslandschaften und Wüsten. Dürreresistente Bäume wie *Eucalyptus* und *Acacia* sowie die robusten Gräser der Gattung *Spinifex* gewannen die Oberhand. Vor rund sechs Millionen Jahren beschleunigte sich der Klimawandel, und Australien wurde noch trockener.

Als schließlich die Eiszeit des Pleistozäns nahte und große Teile der weltweiten Wasserreserven in den Eiskappen der Pole gebunden waren, sicherte das mittlerweile knochentrockene Klima den feuerresistenten Pflanzen die Vorherrschaft.

Das Ende der Einsamkeit

In vorgeschichtlicher Zeit waren Australien und Neuguinea eine einzige Landmasse, die man heute als Großaustralien bezeichnet. Großaustralien und Südostasien rückten zwar irgendwann ziemlich eng zusammen, sie waren aber immer durch Wasser getrennt, und der Weg nach Australien führte stets über den offenen Ozean. Selbst in Zeiten des niedrigsten Meeresspiegels war die Strecke nie kürzer als 60 bis 100 Kilometer. Flugfähige Tiere und solche, die gut schwimmen konnten, bewältigten den Weg von Küste zu Küste ohne Schwierigkeiten, aber für Landtiere war er riskant: Sie mussten sich mit Baumstämmen oder anderen schwimmenden Pflanzenteilen hinübertreiben lassen. Wahrscheinlich kamen nur kleine Tiere als Passagiere für solche Flöße infrage. Von den vielen tausend Tieren, die aufs Meer hinausgetrieben wurden, gelangte nur ein winziger Bruchteil wohlbehalten wieder an Land, fasste Fuß und konnte sich vermehren.

Aber obwohl alle Wahrscheinlichkeit dagegen sprach, überlebten einige Tiere tatsächlich die gefahrvolle Überfahrt. Viele Vögel und kleine Beuteltiere wanderten von Australien nach Westen auf Inseln wie Timor und Celebes. In der

DER VERLORENE KONTINENT

Eine genaue Weltkarte ist unter geologischen Gesichtspunkten etwas sehr Kurzfristiges: die Momentaufnahme einer Erde, die sich ständig wandelt, weil Form, Größe und Lage der Kontinente sich verändern. Die Erdkruste besteht aus Platten, die von den Strömungen im darunter liegenden, geschmolzenen Mantel langsam verschoben werden. Die Kontinente stoßen zusammen, vereinigen sich zu größeren „Superkontinenten" oder werden auseinander gerissen und verteilen sich über die Erdoberfläche.

Bis zum Beginn der Kreidezeit gehörte Australien zu dem alten Superkontinent Pangäa. Als er auseinander brach, entstand eine Landmasse mit Australien und der Antarktis. Vor 45 Millionen Jahren trennte sich Australien schließlich vom Südpolargebiet, zuvor lag zwischen beiden aber schon seit einigen Millionen Jahren ein flaches Meer. Australien trieb nach Norden. Seine Tier- und Pflanzenwelt entwickelte sich völlig isoliert weiter, bis der Kontinent sich vor 25 bis 15 Millionen Jahren den Inseln Südostasiens näherte. Nun konnten Tiere die gefährliche Reise zwischen den beiden Landmassen antreten. Durch ihr Zusammentreffen und die gemeinsame Evolution während der nächsten Jahrmillionen entwickelte sich in Australien eine wahrhaft einzigartige Tierwelt.

▲ **Mäusevorfahren wie die Mitchell-Hüpfmaus (*Notomys mitchelli*) schafften vor 15 Millionen Jahren auf Holzstücken die Überfahrt von Südostasien nach Australien.**

Gegenrichtung schafften es aber nur drei Gruppen von Plazenta-Säugetieren (siehe Seite 49): Fledermäuse, Ratten und Mäuse. Die Fledermäuse kamen natürlich durch die Luft, die Nagetiere jedoch unternahmen vor rund 15 Millionen Jahren eine Seereise. Die vielen anderen Plazenta-Säugetiere, die heute in Australien zu Hause sind – auch der Dingo –, sind Nachzügler, die von den Aborigines oder viel später von asiatischen und europäischen Entdeckern mitgebracht wurden.

Ausgangspunkt Asien

Auch die ersten Menschen, die nach Australien gelangten, kamen von Asien über das Meer. Es war die letzte Etappe einer langen Reise, die vor rund 100.000 Jahren am Geburtsort der Menschheit – in Afrika – begonnen hatte (siehe Kapitel 1). Im Norden Eurasiens war das Klima zu jener Zeit so rau, dass Menschen ohne spezialisierte technische und gesellschaftliche Neuentwicklungen dort nicht leben konnten (siehe Kapitel 3); die warmen Küsten Asiens dagegen boten den ersten Auswanderern bessere Bedingungen.

Allen Indizien zufolge hatten die Jetztmenschen schon vor 90.000 Jahren das südostasiatische Festland erreicht. Damals wie heute war das ganze Gebiet von Regenwald bedeckt. Fossiler Pollen aus Sumatra und Java zeigt, dass es sowohl in den Niederungen als auch im Hochland große Wälder gab, obwohl das sehr kühle, trockene Eiszeitklima zur gleichen Zeit in ganz Australien ähnliche Wälder verschwinden ließ. Der dichte Regenwald verhinderte, dass Tiere wie Kamele, Pferde oder Giraffen, die offenes Gelände bevorzugen, nach Südostasien vordrangen.

Die Regenwälder Südostasiens waren eine Herausforderung für die Menschen, denn entgegen einer verbreiteten Vorstellung haben es Jäger und Sammler im Dschungel und anderen dichten Wäldern sehr schwer, sich ihren Lebensunterhalt zu sichern. Aber wenn Regenwälder so unwirtlich sind, warum wanderten die Menschen dann überhaupt nach Südostasien ein? Die Antwort: An den Küsten der Region gibt es Nahrung im Überfluss. Die Ausbeutung dieser Ressourcen ist ungefährlicher und einfacher als das Leben in den tropischen Wäldern. Wahrscheinlich machten die Menschen nur hin und wieder Jagd auf mittelgroße Tiere im Landesinneren. Auf welche Arten sie dabei trafen, wissen wir durch Fossilien, die in der Niah-Höhle auf Borneo und an verschiedenen Stellen im Padang-Hochland auf Sumatra gefunden wurden. Vor allem Affen, Schweine, Wildrinder, Tapire, Antilopen und Hirsche dürften den ersten Jägern als Beute gedient haben. Mit anderen dagegen teilten sie zwar das Land, sie standen aber nicht auf dem Speisezettel: Orang-Utans, verschiedene Elefanten- und Nashornarten, eine Art südostasiatisches Flusspferd, Leoparden, Tiger und der Malaienbär.

Die ursprünglichen Bewohner der asiatischen Küsten sahen vermutlich eher wie die heutigen australischen Ureinwohner aus und nicht wie die Asiaten unserer Zeit, die erst in relativ junger Vergangenheit aus dem Norden einwanderten. Auch heute noch leben beispielsweise in Sri Lanka, auf der Malaiischen Halbinsel und auf der Inselgruppe der Andamanen kleine Gruppen dunkelhäutiger Jä-

EIER, BEUTEL UND HÜPFENDE BABYS

Man teilt die Säugetiere in drei Hauptgruppen ein: Kloakentiere wie Schnabeltier und Kurzschnabeligel legen Eier. Nachdem die Jungen geschlüpft sind, saugen sie Milch wie alle Säugetiere. Beuteltiere und Plazentatiere (einschließlich des Menschen) gebären lebende Junge. Aber selbst die größten Beuteltiere bringen ein sehr kleines, wenig entwickeltes Junges zur Welt, das noch längere Zeit im sicheren Brutbeutel bleibt und dort mit Milch versorgt wird. Neugeborene Plazentatiere dagegen haben diese Entwicklungsschritte schon im Mutterleib durchlaufen, wo sie von einer großen Plazenta ernährt werden. Selbst Katzen, die unbehaart und blind zur Welt kommen, sind im Vergleich zu den Beuteltieren schon groß und kräftig.

▼ **Auch wenn das Junge des Roten Riesenkängurus schon recht groß ist, zieht es sich gerne in den Beutel der Mutter zurück.**

ger und Sammler mit gelockten Haaren, die genetisch mit den Ureinwohnern Neuguineas und Australiens verwandt sind. Solche Menschen sind die Nachkommen der ersten Entdecker.

Als die Einwandererwelle sich Australien näherte, entdeckten und besiedelten die Menschen zunächst die kleinen Inseln östlich von Bali. Dort gab es keine großen, warmblütigen Raubtiere wie Tiger und Leoparden. Obwohl in Indonesien der Komodowaran und seine Verwandten zu Hause sind, boten die Inseln den Menschen eine relativ sichere Zuflucht. Sie ließen sich dort nieder und erforschten weiterhin das umgebende Meer, bis sich schließlich vor rund 65.000 Jahren etwas Folgenschweres ereignete: Jemand entdeckte Australien.

Spaziergang über das Wasser

Die erste Einwanderung nach Australien könnte auf zwei Routen stattgefunden haben. Die eine verläuft über viele Inseln durch das heutige Indonesien nach Süden: Java, Bali, Lombok und die anderen Kleinen Sundainseln mit Timor als letzter Station. Von dort schloss sich eine längere Seereise über die Timorsee an, die entweder am Kimberley in Nordwestaustralien oder in Arnhemland an der Spitze des Northern Territory endete. Obwohl der Meeresspiegel damals niedriger lag, war diese Überfahrt mit 87 Kilometern sehr schwierig. Durch Experimente mit nachgebauten Flößen und Computersimulationen von Gezeiten und Strömungen konnte man aber beweisen, dass in der Monsunsaison jedes Wasserfahrzeug, das von der Küste Timors aufbricht, vom Wind zwangsläufig an die australische Küste getrieben wird. Häufig schaffen die Flöße den Weg in sieben bis zehn Tagen – eine unangenehme Reise, die man aber überleben kann.

Die Alternative ist eine Route von Borneo nach Celebes und dann von Insel zu Insel über die Molukken und Ceram nach Neuguinea. Nachdem die Wanderer dort eingetroffen waren, konnten sie einfach über die Landbrücke nach Australien spazieren, wo sie am Cape York in Queensland ankamen. Auf dieser Route ist die kürzeste Seereise 60 Kilometer lang.

Aus der Tatsache, dass die ersten Einwanderer als einzige große Art die gefährliche Passage bewältigten, kann man einen wichtigen Schluss ziehen: Diese Menschen waren nicht nur zufälliges Strandgut wie die winzigen Ratten und Mäuse. Sie waren vielmehr hoch entwickelte Menschen mit modernem Gehirn, einer komplizierten Kultur und der Fähigkeit, ein seetüchtiges Fahrzeug zu planen und zu bauen, um damit zu einem vorherbestimmten Ziel zu segeln.

▶ **Als die ersten Menschen nach Großaustralien (Australien und Neuguinea) einwanderten, waren manche heutigen Seewege noch trocken. Eingetragen sind die beiden plausibelsten Routen.**

MEERESSPIEGEL UND LANDBRÜCKEN

Während der Eiszeit konnte man viele Gebiete, die heute vom Meer bedeckt sind, trockenen Fußes passieren.

Da große Teile des Wassers in riesigen Eiskappen an den Polen gebunden waren, lag der Meeresspiegel niedriger als heute. Manchmal bildeten solche freigelegten Flächen regelrechte Landbrücken zwischen Regionen, die zuvor getrennt waren.

Vor 70.000 Jahren lag der Meeresspiegel 68 bis 75 Meter niedriger als heute. Auf den größeren Landflächen konnte man von Südostasien nach Australien größtenteils zu Fuß gehen, nur einige größere Wasserflächen waren noch mit dem Boot oder Floß zu überwinden.

Ob die ersten Einwanderer bei hohem oder niedrigem Meeresspiegel kamen, wissen wir nicht. Je tiefer er lag, desto kürzer war natürlich die Seereise. Andererseits unterstützen bei normalem Wasserspiegel günstigere Strömungen und Monsunwinde die Reise nach Südosten in Richtung Australien.

Vermutungen zufolge löste der steigende Meeresspiegel die Auswanderung der Menschen aus Südostasien aus: Als bewohnbares Land im Meer versank, machten Menschengruppen sich auf die Suche nach neuen Inseln.

Über die Frage, mit welchen Wasserfahrzeugen sie die Überfahrt unternahmen, gibt es verschiedene Theorien. Die ersten Australier verfügten mit Sicherheit über die technischen Fähigkeiten zum Bau von Rindenkanus, Booten aus Schilf- oder Rindenbündeln und Flößen. Die wahrscheinlichste Möglichkeit ist das Floß, da es auf längeren Reisen besonders seetüchtig ist. Die Aborigines im Nordwesten Australiens überwanden noch in historischer Zeit bei gefährlicher See manchmal Strecken von bis zu 16 Kilometern mit Flößen aus Mangrovenholz.

DAS DATIERUNGSSPIEL

Wann genau die Menschen nach Australien kamen, ist heftig umstritten. Sie leben dort seit mindestens 50.000 Jahren, manche Fachleute schätzen sogar 80.000 Jahre. Wie kommt es zu solchen Unstimmigkeiten? Teilweise liegt das an der Radiokarbondatierung. Dabei vergleicht man in einer Probe von organischem Material wie Knochen oder Holz das Verhältnis des radioaktiven Kohlenstoffs C_{14} zum normalen Kohlenstoff C_{12}. Der radioaktive Kohlenstoff ist instabil und zerfällt mit der Zeit. Je kleiner also sein Anteil in der Probe ist, desto älter ist der Gegenstand. Das Verfahren ist für die Archäologie ein großartiges Hilfsmittel, aber bei sehr alten Fundstätten stößt es an seine Grenzen: Genaue Werte liefert es nur für Funde, die weniger als 37.000 Jahre alt sind. Die Analyse von bis zu 10.000 Jahre älteren Objekten ist noch möglich, aber der Gehalt an C_{14} ist dann so gering, dass jede Verunreinigung zu großen Messfehlern führt. Bei Zeitpunkten vor mehr als 40.000 Jahren spricht man am besten von „mindestens 40.000 Jahre alten, vielleicht auch viel älteren" Funden. Nach Ansicht vieler Experten sollte man alle Altersangaben von mehr als 35.000 Jahren mit Vorsicht betrachten.

Die ersten Australier kamen vor mehr als 37.000 Jahren ins Land, die entscheidende Phase der Erkundung und Besiedelung wird also von der Radiokarbonmethode nicht erfasst. Deshalb bedienen sich Paläontologen und Archäologen zur Datierung von Fossilien und Werkzeugen anderer, neu entwickelter Methoden wie Elektronenspinresonanz und optisch stimulierte Lumineszenzdatierung. Doch auch sie haben ihre Grenzen – und bei den neuesten Entwicklungen weiß man noch nicht einmal genau, wo diese Grenzen liegen. Um eine möglichst genaue Datierung eines Fundes oder einer Ausgrabungsstätte vorzunehmen, wendet man mehrere Methoden an und vergleicht dann die Ergebnisse – was allerdings kostspielig und zeitaufwändig ist. Wären die ersten Pioniere später nach Australien gekommen, hätten die Archäologen es heute viel einfacher.

Schon bevor die Reisenden sich auf den Weg machten, dürften sie gewusst haben, dass Australien jenseits des Meeres liegt, denn in der Eiszeit war die australische Nordküste von den Inseln Halmahera und Gebe im Norden der Molukken zu sehen. Buschbrände auf dem australischen Festland sind sogar über noch größere Entfernungen zu erkennen, weil der Rauch mehrere tausend Meter hoch in die Luft aufsteigt und über mehr als 100 Kilometer hinweg zu sehen ist. Selbst die Menschen im weit entfernten Timor wussten also, dass es südlich von ihnen Land gab.

Erstaunt waren die ersten Reisenden sicher über die gewaltigen Ausmaße der neuen Welt, über die riesenhaften Tiere, die sie beherbergte, und über das völlige Fehlen menschlicher Bewohner.

Wie viele schafften die Reise?

Manche Legenden der Aborigines berichten, nur ganz wenige Reisende hätten die erste Überfahrt bewerkstelligt: ein Mann mit seinen Schwestern oder ein einziges mythisches Wesen. Die Volkskultur malt häufig das Bild einer geringen Zahl von Menschen, die an Land stolperten – eine verklärte *Schweizer Familie Robinson* in Australien. In Wirklichkeit wären solche winzigen Gruppen von zufällig versprengten Menschen wahrscheinlich ausgelöscht worden, ohne Nachkommen zu hinterlassen. Damit eine lebensfähige Kolonie entstehen konnte, mussten ziemlich viele Menschen nach Australien gelangen. Wahrscheinlich schafften zahlreiche Seefahrergruppen die Überfahrt – manche durch Zufall, die meisten aber im Rahmen gezielter, organisierter Expeditionen zur Suche nach Neuland.

Manche kehrten wahrscheinlich sogar mit der Nachricht von ihren Entdeckungen nach Südostasien zurück und veranlassten damit weitere Siedler, sich auf den Weg zu machen. Allmählich wuchs die Bevölkerung in den Gebieten rund um die Landeplätze durch neue Zuwanderer wie auch durch Kinder, die dort geboren wurden. Als die Region immer dichter besiedelt wurde, wanderten die Menschen auf der Suche nach unberührten Gebieten entlang der Küste oder ins Landesinnere.

Diese erste Besiedelung Australiens ähnelte vielleicht dem Vordringen der europäischen Siedler vom Osten in den Westen Amerikas. Einige Entdecker schoben die Grenze immer weiter hinaus, andere ließen sich nieder und beanspruchten bestimmte Landstücke für sich. Allerdings gab es einen entscheidenden Unterschied: In Australien waren die Gebiete, die vor den Siedlern lagen,

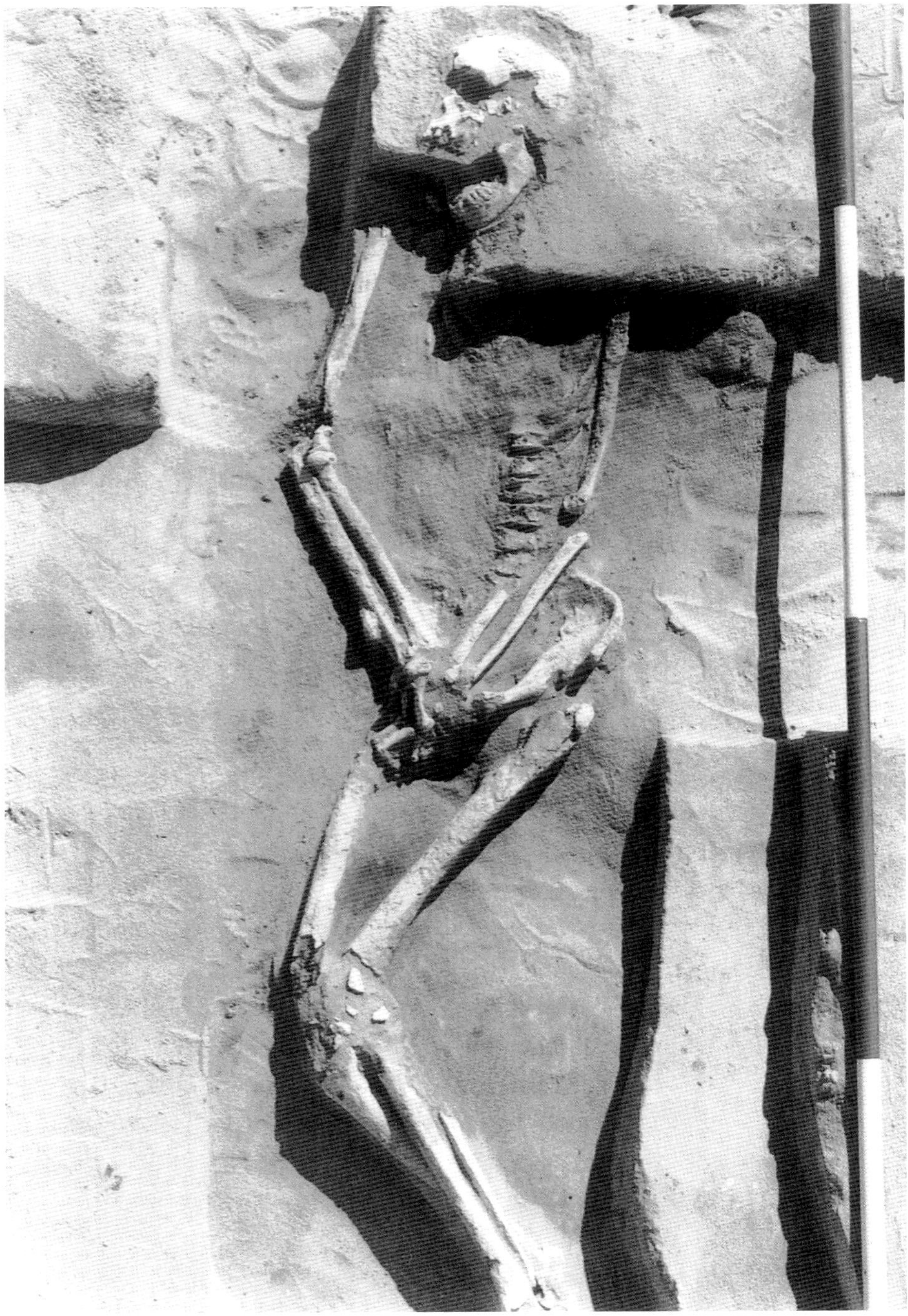

▲ Das Skelett „Mungo III" wurde 1974 in einem ausgetrockneten See namens Lake Mungo gefunden. Es ist die älteste bisher bekannte Begräbnisstätte in Australien.

völlig menschenleer. Im prähistorischen Australien gab es keine Einheimischen, die vertrieben werden mussten.

Der meistdatierte Mensch der Welt

Zu den wichtigsten Belegen für die frühe Besiedelung Australiens durch Menschen gehört eine Begräbnisstätte, die der Geologe Jim Bowler am Lake Mungo in der Region Willandra Lakes des australischen Bundesstaates New South Wales entdeckte. Das Skelett – es trägt die Bezeichnung Mungo III – ist vermutlich ein Mann, der im rechten Ellenbogen Arthritis hatte. Die Abnutzung seiner Zähne lässt vermuten, dass er sie zum Abstreifen von Pflanzenfasern verwendete, die für Schnüre und Gewebe gebraucht wurden. Der Körper war mit rotem Ocker bedeckt, der offensichtlich von einem anderen Ort herantransportiert wurde, denn in der unmittelbaren Umgebung kommt dieses Mineral nicht vor.

Mungo III wurde mit der Radiokarbonmethode ursprünglich auf die Zeit vor 28.000 bis 32.000 Jahren datiert. Als Professor Rainier Grun von der Australian National University in Canberra aber in jüngerer Zeit auf die Begräbnisstätte und die umgebenden Sedimente eine Reihe neuer Verfahren anwandte, gelangte er zu einem Alter von 50.000 bis 81.000 Jahren. Nach der besten Schätzung, die sich aus einer Kombination aller dieser Befunde ergibt, ist Mungo III zwischen 50.000 und 68.000 Jahre alt.

Da er in New South Wales starb, kann seine Bestattung erst viele Jahre nach der Zeit stattgefunden haben, als die ersten Menschen in Nordaustralien an Land gingen. Die Besiedlung des gesamten Kontinents dauerte wahrscheinlich 1000 bis 3000 Jahre; an Mungo III können wir also ablesen, dass die ersten Australier vor mindestens 51.000 bis 71.000 Jahren landeten. Viele Fachleute neigen zu einer Schätzung von 65.000 bis 68.000 Jahren. Bei ihrer Ankunft trafen die neuen Siedler auf wahrhaft erstaunliche Dinge.

Fremdartiges Australien

Die Säugetiere Australiens gehen auf uralte Abstammungslinien zurück. Mit Ausnahme der Ratten und Mäuse handelt es sich bei den einheimischen Säugetieren auf dem Kontinent ausschließlich um Beuteltiere oder Eier legende Kloakentiere (Monotremata).

Heute gibt es in Australien – abgesehen von ein paar Kängurus – fast über-

DIPROTODON

▲ **Die ersten menschlichen Pioniere stießen in Australien auf Herden riesiger Beuteltiere wie *Diprotodon*.**

Diprotodon optatum war das größte Beuteltier aller Zeiten. Seine Ausmaße reichten nicht ganz an die eines Nashorns heran, dafür war es aber etwas schwerer. Die größten Exemplare wogen zwei bis zweieinhalb Tonnen, die kleineren brachten eine Tonne auf die Waage. Früher glaubte man, es habe viele unterschiedlich große *Diprotodon*-Arten gegeben, heute hält man die Zweieinhalb-Tonnen-Tiere eher für Männchen und die „Leichtgewichte" von einer Tonne für Weibchen. Ein großes männliches *Diprotodon* hatte eine Schulterhöhe von 1,70 Meter und maß von der Nase zum Schwanz etwa drei Meter; allein der Schädel war fast einen Meter lang.

Damit dieser riesige Kopf nicht zu schwer wurde, befanden sich wie bei einem Elefanten im Schädel große Hohlräume. Er war eine doppelwandige Konstruktion: An einer äußeren Knochenschicht setzten die gewaltigen Kiefermuskeln an, eine innere stützte und schützte das im Vergleich mit dem des heutigen Elefanten kleine Gehirn.

Diprotodon war im Pleistozän von allen großen Pflanzenfressern Australiens am weitesten verbreitet. Man hat Weibchen mit den Resten eines Jungen im Beutel gefunden, und am Lake Callabonna in Südaustralien entdeckte man fossile Fußabdrücke. In ihnen erkennt man die Spuren von Haaren – *Diprotodon* trug also ein Fell wie ein Pferd und war nicht kahl wie ein Nashorn. Ebenso kann man an den Fußspuren ablesen, dass *Diprotodon* wie ein Kamel im Passgang ging, also beide Füße auf einer Körperseite gleichzeitig bewegte. Das Tier, das die Spuren am Lake Callabonna hinterließ, wanderte mit gemächlichen acht bis neun Stundenkilometern. Auf kurzen Strecken konnte *Diprotodon* bei Gefahr auch eine höhere Geschwindigkeit erreichen, aber es war kein Langstreckenläufer.

Außerdem fand man am Lake Callabonna auch *Diprotodon*-Skelette mit den Resten der letzten Mahlzeit im Bauch – Salzbüsche (*Atriplex*). Ihre Lage scheint verzweifelt gewesen zu sein, denn Salzbüsche sind kein gutes Futter. Möglicherweise verhungerten die Tiere während einer Dürreperiode.

haupt keine großen einheimischen Säugetiere mehr, aber in vorgeschichtlicher Zeit hatte es eine viel Aufsehen erregendere Tierwelt vorzuweisen. Es gab eine breite Palette von Beutel- und Kloakentieren, die heute ausgestorben sind: Fleisch fressende Rattenkängurus, riesige Wombats und gewaltige Kurzschnabeligel, um nur einige zu benennen. Das Größenspektrum dieser längst ausgestorbenen Tiere reichte von fünf Kilogramm beim Rattenkänguru bis zu Ungeheuern von über einer Tonne (*Diprotodon*).

In Südostasien kommen als einzige Beuteltiere kleine Formen wie die Kletterbeutler vor. Die ersten Bewohner Australiens müssen über den Anblick hüpfender Kängurus und schwerfälliger Riesen wie *Diprotodon* sehr verblüfft gewesen sein.

Doch gewaltige Beuteltiere waren nicht das Einzige, worüber die Neuankömmlinge staunen konnten. Australien hatte auch große, flugunfähige Vögel – Kasuare, Emus und riesige Vögel mit dem Spitznamen „Monsterenten des Jüngsten Gerichts" – sowie das gewaltige Raubreptil *Megalania* vorzuweisen.

Auch die australische Landschaft vor 71.000 bis 51.000 Jahren war für die wandernden Menschen eine Überraschung. Anstelle der von zu Hause vertrauten Regenwälder fanden sie auf den freiliegenden Ebenen des Kontinentalsockels

▲ **Mit über zwei Tonnen war *Diprotodon optatum* das größte Beuteltier aller Zeiten. Seine Überreste hat man überall in Australien (mit Ausnahme Tasmaniens) gefunden; es starb irgendwann vor 45.000 bis 25.000 Jahren aus.**

Savannen und „Trockenurwälder" vor. Da das sehr flache Gelände regelmäßig überschwemmt wurde, waren manche Gebiete mit grasähnlichen Seggen bedeckt. Hier und da standen kleine Gehölze in der Graslandschaft – vorwiegend Bäume der Gattungen *Eucalyptus, Callitris* und *Casuarina*. Es gab auch dichter bewaldete Abschnitte: trockene Laubwälder und Lebensgemeinschaften voller Lianendickichte, in denen kaum Gras wuchs. In der Savanne spielten Rote Riesenkängurus und andere Grasfresser die beherrschende Rolle, in den dichteren Wäldern gediehen Tiere, die sich vorwiegend von Blättern ernährten.

Das größte räuberische Säugetier, das bei der Ankunft der Menschen in Aust-

DER BEUTELLÖWE

Das größte räuberische Säugetier Australiens war der Beutellöwe (*Thylacoleo carnifex*). In Aussehen und Verhalten ähnelte er den Raubkatzen. Aber der Beutellöwe hatte einen Trumpf im Ärmel, den Plazenta-Raubtiere nicht besaßen: eine riesige, tödlich gebogene Kralle am „Daumen", die viel größer war als alle anderen. Wie er sie einsetzte, ist nicht ganz klar. Vermutlich fügte er seinen Feinden damit tödliche Verletzungen zu – ganz ähnlich wie der (durch den Film *Jurassic Park* berühmt gewordene) Dinosaurier *Velociraptor*, der die vergrößerten Krallen der Hinterbeine zum Töten benutzte.

Noch ungewöhnlicher waren die Zähne des Beutellöwen. Statt der typischen großen Eckzähne der Plazenta-Raubtiere besaß er vergrößerte Schneidezähne als Reißzähne, die vorstanden und ihm ein komisches Aussehen verliehen. Mit den langen, messerscharfen Kanten der 3. Vorbackenzähne (oben und unten) konnte er Fleisch ausgezeichnet durchtrennen.

▲ **Wie echte Katzen konnte der Beutellöwe die Krallen einziehen, aber zum Töten gebrauchte er die verlängerten Schneidezähne.**

Die Körperlänge vom Schwanz zur Nase betrug nur knapp 1,80 Meter, und das Gewicht lag nach neueren Schätzungen bei 70 bis 150 Kilogramm – ähnlich wie bei einem Jaguar oder einem großen Wolf. Aber mit seinem stämmigen Körperbau wirkte der Beutellöwe viel „massiver" als jeder noch so untersetzte Jaguar. Das Becken ähnelte stark dem der Katzen und war an das Laufen, Kriechen, Schleichen und Springen angepasst. Die kräftigen, aber geschmeidigen Vorderbeine konnten sich wie bei einer Katze drehen.

ralien lebte, war der Beutellöwe (*Thylacoleo carnifex*). In älteren Rekonstruktionen wird das Tier als Räuber dargestellt, der auf Bäumen lebt, auf herabhängenden Zweigen lauert und vorüberkommende Tiere anspringt. Dieses Bild stammt aus viktorianischer Zeit und stützt sich auf die damaligen Vorstellungen davon, wie Leoparden Jagd auf Antilopen machen. In Wirklichkeit schlich der Beutellöwe sich am Boden an seine Beute heran. Möglicherweise schleppte er das getötete Tier dann allerdings tatsächlich wie die heutigen Leoparden auf einen Baum, um es aus der Reichweite von Aasverwertern zu schaffen. Während Leoparden aber Hyänen und Löwen fern halten wollen, war *Thylacoleo* bestrebt, seine Mahlzeit vor dem Beutelwolf (*Thylacinus*) und dem riesigen Raubwaran *Megalania* zu schützen.

Lange Zeit rätselten die Paläontologen, welche Beuteltiere *Thylacoleo* als Beute bevorzugte, und manche äußerten sogar die Vermutung, er habe Früchte gefressen. Schließlich entdeckte man im Lancefield Swamp nicht weit von Melbourne die Knochen großer Tiere wie *Diprotodon*, auf denen die Zähne eines Beutellöwen ihre Spuren hinterlassen hatten. Aber wurden diese riesigen Pflanzenfresser getötet oder nur gefressen, nachdem sie bereits tot waren?

Wir besitzen ein Skelett, an dem wir die Antwort ablesen können: ein junges Exemplar von *Nototherium* (ein Verwandter von *Diprotodon*) aus Tasmanien, das dem Furcht einflößenden Raubtier anscheinend entkommen konnte. Ein Hinterbein des Tieres wurde von den Zähnen des Beutellöwen verletzt, aber

LANCEFIELD SWAMP

Lancefield Swamp bei Melbourne ist eine ergiebige Knochenfundstelle rund um eine prähistorische Quelle. Der Ort ist rund 26.000 Jahre alt und enthält die Überreste von etwa 10.000 Tieren, darunter ausgestorbene Riesen wie *Diprotodon*, *Genyornis* und *Macropus titan* – der große Vorläufer des heutigen Grauen Riesenkängurus. Manche Knochen tragen seltsame Kerben von den Zähnen des Beutellöwen *Thylacoleo*. Man vermutet, dass viele dieser Tiere, vielleicht sogar alle, durch eine Dürreperiode ums Leben kamen. Auch Steinwerkzeuge wurden gefunden, aber ob sie genauso alt sind wie die Knochen, ist nicht geklärt.

◀ Die Risse und Kerben an diesem Beinknochen eines Grauen Riesenkängurus stammen von den Zähnen eines Beutellöwen.

das Opfer überlebte so lange, dass die Heilung des Knochens beginnen konnte.

Wenn der Beutellöwe sogar Riesen wie das zwei Tonnen schwere *Diprotodon* angriff, war er sicher auch groß und kräftig genug, um einen Menschen zu attackieren. Doch mangels aussagekräftiger Funde können wir leider nichts darüber sagen, ob der Beutellöwe die Menschen jagte oder von ihnen gejagt wurde – oder ob vielleicht beide Seiten lernten, respektvollen Abstand voneinander zu halten.

Der wichtigste Konkurrent des Beutellöwen um die Stellung des beherrschenden Raubtieres war die Riesenechse *Megalania*. Nachdem die Dinosaurier ausgestorben waren, entstanden in den Tropen mehrere neue Abstammungslinien riesiger Raubreptilien. *Megalania* und ihr enger Verwandter, der Komodowaran, waren nach Evolutionsmaßstäben Nachzügler, und als solche erlebten sie eine zeitliche Überschneidung mit den Menschen. Die Begegnungen zwischen den ersten Australiern und *Megalania* waren unter allen Erfahrungen der Men-

DER MÖRDER

Die Riesenechse *Megalania prisca* war eines der größten Landreptilien aller Zeiten. Sie war eine größere Version des Komodowarans. Während dieser rund drei Meter lang wird, erreichte *Megalania* bis zu 5,50 Meter bei einem Maximalgewicht von 400 Kilogramm.

Der nächste lebende Verwandte von *Megalania* ist der Großwaran (*Varanus giganteus*), aber *Megalania* ähnelte wahrscheinlich in Lebensweise und Fressverhalten eher dem Komodowaran. Wie dieser ging er tagsüber auf die Jagd, und zwar selbst während der heftigsten tropischen Regengüsse.

Nach Einbruch der Dunkelheit legte er sich unter einem Baum zur Ruhe; im Schutz des Blätterdaches hielt er den Wärmeverlust während der Nacht so gering wie möglich.

Komodowarane greifen bekanntermaßen auch Menschen an, und die ersten Australier mussten wahrscheinlich feststellen, dass sie den Speisezettel von *Megalania* bereicherten. Die Echse von Komodo geht nach einer einfachen Strategie vor: Sie wirft die Beute zu Boden und reißt sie dann in Stücke. Ihre Waffen sind kräftige Krallen sowie große, gebogene und gezackte Zähne. Kann der Komodowaran seine Beute nicht beim ersten Angriff töten, kommt sein Speichel ins Spiel: Er ist voller gefährlicher Bakterien, die jede Wunde eitern lassen und eine Blutvergiftung hervorrufen. Der Waran muss das angeschlagene Tier dann nur noch verfolgen und warten, bis es stirbt.

Wenn *Megalania* die Welt ähnlich wahrnahm wie der Komodo-

schen diejenigen, die dem unmittelbaren Umgang mit Dinosauriern am nächsten kamen.

Große Raubtiere brauchen große Beutetiere zum Leben. Als Opfer dieser Fleischfresser dienten verschiedene, mehr oder weniger große Pflanzenfresser. Manche davon, so Kängurus und Emus, sind uns noch heute vertraut. Andere sind seit langem ausgestorben.

Mit seiner trockenen, wenig produktiven Natur konnte Australien nie die wimmelnden Herden vorweisen, die in Gebieten wie der Serengeti (Gnus, Zebras) oder in den Ebenen Nordamerikas (Bisons) zu Hause waren. Stattdessen bildeten die großen Vegetarier kleine Rudel von vielleicht nur wenigen Dutzend Tieren.

waran, dann spürte er Nahrung vor allem am Geruch auf. Mit seiner langen, gespaltenen Zunge und einem Geruchsorgan (dem Jacobsonschen-Organ) im Gaumen riecht der Komodowaran ein verwesendes Stück Aas noch aus elf Kilometern Entfernung. Gut sehen kann er ungefähr 300 Meter weit, bewegte Objekte besser als unbewegliche. Das Gehör ist eingeschränkt: Er hört weder eine tiefe menschliche Stimme noch ein hohes Kreischen.

▶ Fossilien von *Megalania prisca* hat man in Südaustralien, Queensland und New South Wales gefunden. Ein vollständiges Skelett wurde aber noch nie entdeckt.

Die ersten Australier

Eine der wichtigsten Fähigkeiten des *Homo sapiens* ist seine Anpassungsfähigkeit bezüglich des Lebensraums und der Ernährung. Mit dieser Vielseitigkeit konnten die ersten Australier zahlreichen Herausforderungen begegnen und Großaustralien als ihre Heimat in Besitz nehmen. Ein bedeutsames Hindernis war das stark von Jahreszeiten geprägte Klima – in Nordaustralien herrscht im Winter eine lange Trockenzeit. Doch diesen Umstand nutzten die Siedler bald zur Jagd. Da Quellen nur kurzlebig waren oder weit verstreut lagen, waren die Tiere an die Wasserstellen gebunden und damit in ihren Wanderungsbewegungen berechenbar. Das ist für Jäger ein großer Vorteil.

In ihrer früheren Umgebung waren unsere Entdecker eher an das Fangen kleiner Tiere als an die Jagd auf Großwild gewöhnt, doch in Australien mussten sie sich mit einer weitaus vielgestaltigeren Megafauna auseinander setzen. Änderten sie ihre Jagdmethoden, um mit der größeren (und damit potenziell gefährlicheren) Beute zurechtzukommen? Oder erlegten sie weiterhin kleine und mittelgroße Tiere, lernten sie also, wie man Wallabys und Emus zur Strecke bringt? Antworten auf diese Fragen würde man von der Archäologie erwarten, aber es gibt aus der fraglichen Zeit nur sehr spärliche Funde. Das hat mehrere Gründe: Jäger und Sammler haben eine sehr mobile Lebensweise und wandern innerhalb ihres Gebietes von Ort zu Ort. Ihre Habseligkeiten müssen leicht sein, es sollte sich möglichst um Vielzweck-Gerätschaften handeln, ihre Zahl muss gering bleiben, und sie dürfen keine sperrigen Ausmaße haben. Nur so kann man sie auf den täglichen Wanderungen ohne weiteres mitnehmen. Viel zu besitzen wäre für Jäger und Sammler sehr unpraktisch, und die Fähigkeit, schnell und mühelos den Ort zu wechseln, ist in einem Land mit wenig Wasser lebensnotwendig. Archäologen, die sich mit prähistorischen Jägern und Sammlern befassen, blicken neidisch auf die Fülle von Gegenständen, die ihre Kollegen in Bauernhäusern oder Dörfern ausgegraben haben. In Australien sind sogar noch weniger Objekte erhalten als anderswo, weil der saure Sandboden organisches Material wie Holz und Knochen zerstört.

Am häufigsten findet man haltbare Gegenstände, insbesondere Steinwerkzeuge. Diese ersten steinernen Gerätschaften waren in ihrer Konstruktion nicht besonders hoch entwickelt. Sie dienten vielfach zur Herstellung und Wartung von Werkzeugen aus Holz, die ebenso wie solche aus Knochen und Muschelschalen im täglichen Gebrauch vermutlich wesentlich verbreiteter waren als Stein.

STEINZEIT-KLISCHEES

Die Lebensweise der Jäger und Sammler gilt vielfach als Inbegriff des Sexismus: Die Männer gehen heldenhaft auf die Jagd und streichen den Lohn ein, die Frauen arbeiten im Lager, sammeln Pflanzen und erledigen die Hausarbeit. In Wirklichkeit ist sowohl das Jagen als auch das Sammeln eine Tätigkeit für Männer und Frauen. Wenn beispielsweise die Männer des Aborigines-Stammes der Alyawara auf ihre langen Jagdausflüge gehen, sammeln sie häufig Buschkartoffeln (*Ipomoea costata*) und Früchte wilder australischer Nachtschatten-Arten (*Solanum*).

Die Frauen liefern den größten Teil der Nahrung (240 Kalorien je Arbeitsstunde, verglichen mit 100 Kalorien durch die Großwildjagd) und nehmen deshalb in vielen Gesellschaften der Jäger und Sammler eine gleichberechtigte Stellung ein. Wenn Frauen jagen, erlegen sie meist kleinere Tiere, die Männer dagegen haben es traditionell auf größere Arten abgesehen.

In der Regel ernährt eine Frau ihre engere Familie, wenn ein Mann aber Großwild erlegt hat, wird das Fleisch in der ganzen Gruppe verteilt. Das Klischee vom Jäger, der das Abendessen nach Hause zu seiner Frau bringt, ist also falsch.

Ein Jäger, der ein großes Tier erlegt und das Fleisch verteilt, erntet viel Ehre. Die Aufteilung erfolgt häufig nach komplizierten Regeln. In manchen Gesellschaften erhält der Jäger traditionell die schlechtesten Stücke, kann sich aber des größten Ansehens erfreuen, weil er so viel abgibt.

▲ **Während über 99 Prozent ihrer Geschichte haben die modernen Menschen als Jäger und Sammler gelebt. Diese Lebensweise hat zwangsläufig unseren Körper und Geist geprägt.**

Durch die soziale Verpflichtung, Fleisch und Häute abzugeben, werden Ältere und Kranke von den kräftigeren Personen unterstützt. Alte Menschen brauchen nicht auf die Jagd zu gehen. Sie machen sich in der Gruppe auf andere Weise nützlich, beispielsweise indem sie die Kinder beaufsichtigen und ihr reiches Wissen einbringen.

Einer Gruppe, die ihre Alten gut versorgt, steht eine Fülle von Kenntnissen und Erfahrungen auf Abruf zur Verfügung.

Es gibt keine Anhaltspunkte dafür, welche Holzwerkzeuge die ersten Aborigines besaßen, aber mit ziemlicher Sicherheit verfügten sie über die beiden Gegenstände, die allen Kulturkreisen von Jägern und Sammlern gemeinsam sind: Speer und Grabstock (der von den Frauen zur Nahrungssuche und gelegentlich auch zum Kämpfen verwendet wurde). Speerspitzen aus Stein waren nicht erforderlich, weil solche aus Holz oder Knochen sich für die Jagd auf Großwild ausgezeichnet eigneten. Eine andere im heutigen Australien weit verbreitete Waffe ist der Wurfstock, wahrscheinlich besaßen die ersten Bewohner ihn ebenfalls bereits.

Der echte Bumerang wurde aber erst viel später erfunden. Zum Transport der Lebensmittel, die sie erlegt oder gesammelt hatten, verwendeten die ersten Australier mit ziemlicher Sicherheit Schüsseln aus Holz oder Baumrinde sowie Beutel aus Pflanzenfasern oder Tierhäuten.

Einige Knochenwerkzeuge wurden gefunden. Manche davon interpretiert man als Fischköder – wenn man sie durch das Wasser zieht, sehen sie aus wie winzige Fische. Bei anderen weisen Abnutzungsspuren auf die Verwendung hin: Manche waren Ahlen oder Schaber, mit denen Tierhäute durchlöchert und bearbeitet wurden; andere dienten als Speerspitzen, wieder andere hielten als Knebel oder Gewandnadeln die Kleidung zusammen. Da das Klima kühler war als im

▲ Im 19. Jahrhundert kleideten sich die australischen Ureinwohner in Felle von Kletterbeutlern, die mit dem Fell nach innen getragen und außen als Schutz gegen Wasser eingefettet waren.

heutigen Australien, trugen die ersten Menschen mehr Kleidung als die Ureinwohner in historischer Zeit. Möglicherweise stellten sie Kleidungsstücke her ähnlich den Umhängen aus dem Fell von Kletterbeutlern, wie sie früher in Victoria getragen wurden.

Da die Bevölkerung Australiens im Pleistozän nicht sehr zahlreich und weit verstreut war, dürften die Menschen mobiler gewesen sein als die Aborigines in historischer oder moderner Zeit. Sie waren darauf ausgerichtet, sofort alle Ressourcen zu nutzen, die sich ihnen auf ihren Wanderungen boten, statt Nahrung zu sammeln und in ein Lager zu bringen, wo es für die spätere Verwendung aufbewahrt wurde.

Die Ökologie des Feuers

Australien war ein trockenes Land. Schon Jahrmillionen bevor es von den ersten Menschen besiedelt wurde, war Feuer hier das beherrschende Element. Deshalb findet man auch in Teilen des heutigen Australiens eine „Ökologie des Feuers": Viele Pflanzen haben sich den Bränden angepasst, häufig *brauchen* sie die Flammen sogar, um ihren Lebenszyklus abzuschließen. Diese Pflanzen haben harte, verholzte Samen, und ihre Früchte müssen versengt oder verbrannt werden, damit sie keimen können. Sie besitzen eine so dicke Rinde, dass das darunter liegende Gewebe vor den Flammen geschützt ist, und unter dieser Hülle liegen die neuen Knospen.

Die Blätter der allgemein bekannten Eukalyptusbäume enthalten leicht brennbare Öle, die ein sehr heftiges, aber kurzlebiges Feuer verursachen, sodass die hölzernen Teile des Baumes von der Zerstörung verschont bleiben. Deswegen lebt ein Eukalyptuswald nach einem Brand schnell wieder auf, während nicht angepasste Pflanzen völlig zerstört werden oder sich erst nach Jahren wieder regenerieren.

Warum gibt es diese Ökologie des Feuers? Der Grund liegt in der zunehmenden Trockenheit Australiens. Als Wasser auf dem Kontinent im Laufe der Jahrtausende immer knapper wurde, konnten die durch Blitzschlag ausgelösten Brände sich weiter ausbreiten und länger wüten. Die Brände gehörten in zahlreichen Lebensräumen bald zum Lauf der Jahreszeiten.

Wie passten sich die Tiere an das Feuer an? Manche mittelgroßen Grasfresser wie Kängurus und Wallabys profitieren von regelmäßigen Bränden, denn das Feuer beseitigt das Unterholzgestrüpp und fördert das Wachstum von frischem Gras. Weniger gut ergeht es Echsen, Nagetieren und anderen kleineren Arten, denn sie können den Flammen nicht so ohne weiteres entkommen. Selbst wenn sie nicht sofort sterben, fehlen anschließend die Pflanzen, zwischen denen sie sich normalerweise verstecken, sodass sie leichter natürlichen Feinden zum Opfer fallen. In prähistorischer Zeit waren auch Blätter fressende Arten wie *Diprotodon* und *Palorchestes* durch das Feuer benachteiligt: Das hölzerne Gestrüpp, das sie am liebsten fraßen, verbrannte, und die dichten Wälder verwandelten sich in offenere Gehölze mit Graswuchs.

Unter dem Einfluss des Feuers lebte im prähistorischen Australien vermutlich eine dynamische, sich ständig wandelnde Artenmischung. Brannte ein Gebiet ab, hatten Gräser und damit Kängurus anschließend viele Jahre lang die Oberhand. Wuchs dann allmählich wieder dichtere Vegetation heran, zogen die Kängurus weiter, und die Blätterfresser kehrten zurück. Wenn große Pflanzenfresser im Rahmen ihrer Nahrungssuche die Bäume umstürzten – wie es heute die Afrikanischen Elefanten tun –, wurden auch die Blätterfresser selbst zu einem Teil des Veränderungszyklus: Aus Wald mit Unterholzgestrüpp wurde offenes Gelände mit wenigen Bäumen, und dieses verwandelte sich wieder in dichten Wald. Doch dann kamen die ersten Menschen. Wo war ihr Platz in diesem Kreislauf?

DAS KURZGESICHTIGE RIESENKÄNGURU

Procoptodon goliah war die Bulldogge in der Welt der Kängurus. Die Bezeichnung „Riesen-" verdankt es seinem stämmigen Körperbau. Der Schädel war kurz und hoch, was den Kiefermuskeln besonders starke Kaukräfte verlieh. Es war rund zwei bis drei Meter groß und von der Nase zum Schwanz drei Meter lang.

Es konnte wie das heutige Rote Riesenkänguru über ebene Flächen besser hüpfen als in steilem oder felsigem Gelände. Anders als die heutigen Kängurus hatte das Kurzgesichtige Riesenkänguru aber an den Hinterfüßen jeweils nur einen Zeh. Wie *Sthenurus* und andere ausgestorbene Känguruarten bewegte es sich wahrscheinlich fast ausschließlich auf zwei Beinen fort und besaß damit eine deutlicher betonte Zweifüßigkeit als die heutigen Vertreter der Gruppe, die gern zusätzlich Vorderbeine und Schwanz bei langsamerer Fortbewegung einsetzen.

Die Zähne weisen darauf hin, dass sich das Kurzgesichtige Riesenkänguru von Blättern ernährte. Es zog sich Akazienzweige herunter, riss brusthohe Salzbüsche aus oder stellte sich auf die Zehenspitzen und griff in den Bäumen nach höher hängenden Leckerbissen.

DIE MONSTERENTE

Die „Monsterente" (*Genyornis newtoni*) gehört zu den Dromornithiden, eine Gruppe großer, flugunfähiger Vögel, die auch *mihirungs* genannt werden (nach *mihirung paringmal*, dem mythischen Riesenemu des Aborigi-nesstammes der Tjapwurong). *Genyornis* hat man auch den Spitznamen „Monsterente des Jüngsten Gerichts" (Demon Duck of doom) gegeben.

Genyornis war mit 2,20 Metern fast so groß wie ein Straußenmännchen, wog aber mit 200 bis 250 Kilogramm doppelt so viel. Bei einem derart schweren Körperbau war sie nicht besonders flink.

Zu den charakteristischen Merkmalen zählten ein gewaltiger Schnabel und riesige Kiefermuskeln. Schnabel und Schädel ähnelten in ihrem Aufbau denen von Papageien und anderen Vögeln, die Nüsse knacken und sich von Samen oder Früchten ernähren. *Genyornis* war Vegetarierin: Wie eine Giraffe riss sie von höheren Zweigen der Bäume und Sträucher die Blätter ab. Da sie keine Zähne hatte, musste sie Steine schlucken, die das Futter im Magen zermalmten. Manche Paläontologen vermuten, *Genyornis* habe ihre Ernährung mit Aas oder kleineren Beutetieren angereichert.

▼ **Wie die viel kleineren Kasuare und Emus, so wurde wahrscheinlich auch *Genyornis* sehr aggressiv, wenn man ihrem Nest zu nahe kam.**

Brandzeiten

In der Natur sind Brände meist jahreszeitenabhängig, Menschen dagegen können ein Feuer entzünden, wo und wann sie es wünschen. Für die australischen Ureinwohner diente das Feuer nicht nur dazu, sie zu wärmen oder Mahlzeiten zuzubereiten, sondern Buschbrände waren auch ein wertvolles Hilfsmittel zur Bewirtschaftung des Landes.

In verschiedenen Kulturkreisen auf der ganzen Welt dienen Buschbrände dazu, „Gras zu machen". Jäger und Sammler finden ihren Lebensunterhalt in einer offenen Landschaft leichter als im dichten Wald. Und Feuer ist eine gute Methode, um Wald schnell in offeneres Gelände zu verwandeln. Wenn Gestrüpp und Unterholz abgebrannt sind, wird das Wachstum von Gräsern begünstigt, und Gras fressende Tiere werden in das Gebiet gelockt. Durch die Brände wird der Boden gerodet, sodass man leichter vorwärts kommt; bessere Sichtverhältnisse erleichtern die Verteidigung gegen natürliche Feinde, und man kann das Wild bei der Jagd besser vor sich hertreiben.

Als die ersten Menschen nach Australien kamen und dort Feuer legten, veränderten sie die natürliche Ökologie auf dreierlei Weise: Erstens brannten die an Feuer angepassten Lebensgemeinschaften häufiger ab; zweitens fanden die Brände zu anderen Zeiten im Jahr statt als in dem natürlichen Zyklus; und drittens gingen Lebensgemeinschaften, die sich nicht auf Feuer eingestellt hatten, durch die regelmäßigen Brände zu Grunde.

Statt die Pflanzen jahre- oder jahrzehntelang wachsen zu lassen, bis sie gelegentlich von einer gewaltigen Feuersbrunst verzehrt wurden, legten die ersten Australier regelmäßig kleinere, nicht so heftige Brände und verhinderten damit größere Feuerwalzen. Hinzu kam noch der Wandel durch das immer trockenere Klima. Das führte zu Veränderungen beim Pflanzenwuchs. Wahrscheinlich begünstigten die häufigeren Brände die Entstehung von Graslandschaften und feuerresistenten Waldgebieten auf Kosten der weniger feuerfesten Wälder. Von jetzt an formten die Menschen das Land so, dass es ihren eigenen Bedürfnissen entgegenkam.

▶ Die prähistorischen Australier veränderten durch das Feuer die Landschaft des neu besiedelten Kontinents. Inwieweit beeinflussten sie damit das Schicksal der Tiere?

Gute Nachbarn

Eines ist im Zusammenhang mit Australien sicher: Menschen und große Tiere lebten sehr lange Zeit nebeneinander. Selbst wenn man einen späten Zeitpunkt für das Eintreffen der Menschen (vor 51.000 Jahren) und einen frühen (vor 46.000 Jahren) für das endgültige Verschwinden der Megafauna unterstellt, teilten sich Menschen und Ungeheuer 5000 Jahre lang den Kontinent. Nimmt man stattdessen an, dass die Menschen bereits früh (vor 71.000 Jahren) kamen und die großen Tiere bis vor 25.000 Jahren überlebten, dann hatten sie sogar volle 46.000 gemeinsame Jahre.

Monsterjäger?

Die prähistorischen Jäger benutzten jahrtausendelang steinerne Speerspitzen sowie Pfeil und Bogen zum Erlegen der großen Tiere. Seltsamerweise gab es vor rund 6000 Jahren unter den Werkzeugen der Aborigines keine solchen steinernen Spitzen, und Pfeile oder Bogen besaßen die australischen Ureinwohner nie. Bedeutet das, dass sie keine Großtiere jagten? Oder benutzten sie einfache Spitzen aus Holz oder Knochen zu diesem Zweck? Immerhin machten die Neandertaler in Europa schon vor 125.000 Jahren mit hölzernen Speeren Jagd auf Elefanten.

Anders als im eiszeitlichen Europa gibt es in Australien keine Fundstätten, die von der Tötung zahlreicher großer Tiere zeugen, und selbst Stellen, an denen möglicherweise einzelne Tiere erlegt wurden, sind umstritten. Einer Theorie zufolge hat diese Lücke in den Funden nichts zu sagen – derartige Stätten sind auf der ganzen Welt sehr selten. Die Anhänger dieser Sichtweise behaupten, die Tiere könnten durchaus von den Ureinwohnern erlegt worden sein, aber da es keine Steinspitzen und damit auch keine Reste von Waffen an den getöteten Exemplaren von *Diprotodon* und *Genyornis* gebe, habe man nichts in der Hand, was auf die Einwirkung von Menschen schließen lasse. Aber man findet an den Knochen auch keine Spuren, dass sie zerlegt wurden. Mit solchen Indizien würde man aber rechnen, wenn Menschen einen Kadaver verteilt oder das Fleisch zubereitet hätten. Bisher gibt es bemerkenswert wenige Belege, dass die Knochen zerschnitten wurden oder im Feuer lagen, und deshalb kann man bisher nur die Schlussfolgerung ziehen, dass Menschen und große Tiere zur gleichen Zeit in der gleichen Region lebten.

DER BEUTELELEFANT

Palorchestes azael wird als Beuteltapir oder Beutelelefant bezeichnet. Er hatte einen kurzen Rüssel, der wie die bewegliche Oberlippe des Tapirs oder ein sehr kleiner Elefantenrüssel aussah. Das große, stämmige Tier war nur wenig kleiner als ein heutiges Nashorn; sein Skelett ähnelte erstaunlich stark dem eines Wombats, nur hatte es längere Gliedmaßen. Anders als Tapire und Elefanten konnte der Beutelelefant aber wahrscheinlich aufrecht auf den Hinterbeinen stehen.

Mit seinen langen, kräftigen Vordergliedmaßen riss er Baumstämme auseinander. Vermutlich war *Palorchestes* unter den Beuteltieren die Entsprechung zu den amerikanischen Riesen-Bodenfaultieren. Er zerlegte die Nahrung mit seinen krallenbewehrten Händen und packte die Früchte, Knollen, Rinde und Insektenlarven mit seinen Schneidezähnen.

▼ Diese seltsame Felszeichnung im Northern Territory wurde als Beutelelefant mit einem Jungtier gedeutet.

Interessant ist aber eine andere Feststellung: Wenn man in Australien Geschossspitzen aus dem späten Pleistozän findet, bestehen sie immer aus den Fußknochen von Kängurus oder Wallabys. Überreste kleinerer Tiere sind an solchen archäologischen Fundstätten sogar das beherrschende Element. Wie die Antwort auch aussehen mag: Die ersten Australier waren vermutlich nicht auf Großwild spezialisiert – sie töteten eher kleine Tiere und machten nur gelegentlich Jagd auf größere Arten.

Monsterkunst

Australien ist berühmt für die Kunst seiner Ureinwohner, sowohl aus prähistorischer als auch aus moderner Zeit. Liefert dieses gewaltige, wunderschöne kulturelle Erbe auch Anhaltspunkte für die Megafauna? Möglicherweise. Vom australischen Festland kennt man mehr als 60 Abbildungen des ausgestorbenen Tasmanischen Tigers, auch Beutelwolf genannt (*Thylacinus cynocephalus*). Dieses faszinierende Tier starb dort vor rund 2000 bis 3000 Jahren aus, weil etwa 1000 Jahre zuvor der Dingo ins Land gekommen war. In Tasmanien überlebte *Thylacinus* noch bis 1936 – in diesem Jahr starb das letzte Exemplar im Zoo von Hobart. Die Bilder auf dem Festland sind also eindeutig ein Beispiel dafür, dass ein ausgestorbenes Tier in Felsmalereien festgehalten wurde.

Doch es gibt nur sehr wenige Berichte über die Darstellung anderer ausgestorbener australischer Tiere in der prähistorischen Kunst. Die einzigen bisher benannten Arten sind *Genyornis, Palorchestes* und der Riesen-Kurzschnabeligel *Zaglossus hacketti*. Verwandte des Riesen-Kurzschnabeligels leben noch heute in Neuguinea, sodass wir ihn in Abbildungen erkennen können, obwohl die australische Art schon vor rund 15.000 Jahren ausstarb. Die Zeichnungen müssen demnach spätestens in dieser Zeit entstanden sein.

Der Riesen-Kurzschnabeligel war nicht so groß, dass man ihn zur Megafauna rechnen könnte – er maß nur ungefähr einen Meter und wog rund 30 Kilogramm. Wie steht es also mit den wirklichen Ungeheuern? Die so genannte Monsterente *Genyornis* wurde durch Fußabdrücke dargestellt, die man in das Gestein gehauen hatte. Die Arbeiten zeigen sehr große Fußspuren von Vögeln neben ähnlichen Abdrücken von Emus und Trappen. Da die Spuren von Emu und Trappe im Vergleich zu echten Fußabdrücken sehr genau in der richtigen Größe wiedergegeben sind, hat man die größeren Spuren der viel gewaltigeren

◄ Der Tasmanische Tiger war auf dem gesamten australischen Festland verbreitet, bis die Aborigines vor rund 4000 Jahren den Dingo einführten.

CUDDIE SPRINGS

Bei Ausgrabungen in Cuddie Springs im Norden von New South Wales fand man zahlreiche Großtierknochen. Sie gehören zu insgesamt zehn Arten, darunter *Genyornis*, *Diprotodon* und *Megalania*. An der gleichen Stelle entdeckte man 1991 auch viele Steinwerkzeuge, doch ihr Alter ist ungekärt.

An der Stelle entdeckte man eine sehr komplizierte Folge von Ablagerungen, die im Laufe der Jahrtausende durch Erdrutsche und Bodensenkung durcheinander gewürfelt wurden. Deshalb ist die Aufklärung der Geschichte von Cuddie Springs für Geologen und Archäologen ein Albtraum. Nach Ansicht von Dr. Josephine Flood überlebten die Großtiere dort bis zu einem relativ späten Zeitpunkt vor 27.000 bis 36.000 Jahren. Ganz anders Mike Smith vom National Museum in Canberra: Er ist davon überzeugt, dass altes und jüngeres Material durch Erdrutsche und Erosion vermischt wurden.

▲ **Jahrtausende lang teilten sich Menschen und *Diprotodon* den Kontinent. Jagten unsere Vorfahren die Riesen?**

Manche Steinwerkzeuge aus Cuddie Springs sollen angeblich noch Blut-, Fleisch- und Fellreste vom Zerlegen der Tiere tragen. Das Blut stammt – manchen Spekulationen zufolge – von *Diprotodon*. Es handelt sich dabei aber nur um vorläufige Untersuchungen, die bisher nicht veröffentlicht wurden.

Genyornis zugeordnet. Nach einer anderen Erklärung sollen die großen Abdrücke zu einem mythologischen Riesenemu gehören oder eine künstlerische Bedeutung haben, die wir heute nicht mehr verstehen.

Im Kakadu National Park in Arnhemland entdeckten der Ureinwohner Nipper Kapirigi und der Archäologe George Chaloupka die Felszeichnung eines seltsamen Tieres mit zwei Jungen. Viele Merkmale (beispielsweise die Form des Schwanzes) hat es mit einem Beuteltier gemeinsam, und es ist stark behaart. Diese Darstellung wurde von manchen Paläontologen als Abbildung von *Palorches-*

tes gedeutet. Es könnte sich aber natürlich auch um ein Fabelwesen handeln, das nur eine oberflächliche Ähnlichkeit mit *Palorchestes* besitzt.

Das Problematische bei diesen Darstellungen von Ungeheuern ist die Datierung. Die neuesten Methoden wurden für Felsmalereien noch nicht geeicht und getestet, sodass die mit ihnen gewonnenen Ergebnisse sich kaum interpretieren lassen. Die ältesten verlässlichen Zeitpunkte für die Entstehung australischer Felskunst liegen vor rund 6000 Jahren.

Es handelt sich um Zeichnungen aus Bienenwachs, das man mit der Radiokarbonmethode datieren kann. Ein anderes nützliches Insekt ist die Mörtelgrabwespe, die auf Felsen ein Nest aus Schlamm und Speichel baut. Stücke dieser Nester kann man der Radiokarbonmethode unterwerfen und so das Alter des Wespenspeichels bestimmen – damit gelangt man zum Mindestalter für jede Zeichnung, über der das Nest gebaut wurde. Das größte Alter, das mit diesem Verfahren ermittelt wurde, liegt bei 20.000 Jahren für eine der Bradshaw-Zeichnungen in der Kimberley-Region. Aber nach Ansicht von Felskunstexperten wie Chris Chippendale von der Universität Cambridge ist die australische Kunst in Wirklichkeit viel jünger: Danach sind die ältesten Darstellungen höchstens 15.000 Jahre alt.

Die Vorstellung, die großen Tiere könnten erst vor 15.000 bis 20.000 Jahren verschwunden sein, ist sehr umstritten. Wie also lautet die richtige Antwort? Sind die Kunstwerke älter, als wir glauben? Überlebte die Megafauna länger, als wir uns vorstellen können? Oder handelt es sich bei den Darstellungen überhaupt nicht um prähistorische Tiere, sondern um mythische Geschöpfe? Wenn die Felskunst in Australien erst nach dem Aussterben der großen Tiere entstand, hätten wir eine Erklärung, warum es nur so wenige Bilder von großen Tieren gibt.

KRALLEN-GRAFFITI

In vielen südaustralischen Höhlen findet man Rillen, die Tiere mit ihren Krallen in die Wände geritzt haben. In der Höhle Robertson Cave in Naracoorte konnte man sie dem Beutellöwen *Thylacoleo* zuordnen.

In manchen Höhlen der Region am Mount Gambier erkennt man an den Krallenspuren eine interessante Tatsache: Sie verlaufen quer über ältere Abdrücke von Menschen. Ihre Finger hatten in dem Lehm auf den Wänden ein Muster hinterlassen, und später benutzte ein großes, krallenbewehrtes Tier die gleiche Wand als Kratzfläche.

MONSTER DER MYTHEN

Bunyip: Ein gefürchtetes Fabelwesen aus dem Gebiet von Victoria. Es suchte häufig die Wasserwege auf und fraß alles, was es zu fassen bekam. Bunyip tritt mit unterschiedlichen Verkleidungen auf – als bärtige Riesenschlange, Mann mit Vogelkopf oder vierbeiniges Tier mit klauenbewehrten Händen. Bunyip wurde mit mehreren ausgestorbenen Tieren in Verbindung gebracht: mit *Megalania, Palorchestes* und *Diprotodon*.
Riesenemu: *Genyornis* dürfte beim Ureinwohnerstamm der Tjapwurong zum Vorbild für die Legende vom *mihirung paringmal* geworden sein, dem Riesenemu.
Riesenkängurus: Das Kurzgesichtige Riesenkänguru (*Procoptodon*) war in New South Wales angeblich der Anlass zu einer Geschichte über den Krieg zwischen Aborigines und riesigen Kängurus, den die Menschen gewannen.
Yamuti: Die Yamuti waren große Tiere und ähnelten Riesenkängurus oder Riesenwombats. Sie sollen einst das Land des Adnyamathanha-Volkes in Südaustralien bevölkert haben. Nur Schamanen konnten einen Yamuti sehen. Die Geschichten könnten sich auf *Procoptodon* oder *Diprotodon* beziehen.

▼ **Eine Felszeichnung der Aborigines im „Röntgenstil", der vor über 6000 Jahren zum ersten Mal auftauchte und sich bis heute erhalten hat.**

Mythen und Monster

Faszinierende, aber umstrittene Indizien, dass Menschen tatsächlich Jagd auf die großen Tiere machten, finden sich in den Traumgeschichten der Aborigines. Sagen und Legenden von Ungeheuern und Fabelwesen gibt es in allen Kulturen. Auch die Gesellschaften der australischen Ureinwohner machen da keine Ausnahme – aber handelt es sich bei diesen Geschichten um wahrhaftige Berichte über die Zeit, als die ersten Australier sich ihr Land mit einer heute ausgestorbenen Megafauna teilen mussten?

Diese faszinierende Interpretation ist mit Vorsicht zu betrachten. Die Traumgeschichten der Aborigines haben das Ziel – ebenso wie ihre Kunst –, dass die Gemeinschaften eine Gruppenidentität und ein Zugehörigkeitsgefühl zu ihrem Land und seinen Besonderheiten entwickeln. Jede Geschichte erfüllt einen ganz gezielten Zweck und vermittelt ein ganz bestimmtes Wissen, und ebenso gibt es eine ganz bestimmte Gruppe von Menschen, an die dieses Wissen weitergegeben werden darf.

Bei solchen Legenden könnte es sich zwar um Berichte aus der Zeit handeln, als die ersten Australier ihr Land mit den großen Tieren teilten, aber sie als eine Art stille Post aus dem Pleistozän zu deuten, ist bestenfalls Spekulation.

Das Ende der Monster

Gegen Ende des Pleistozäns starben in Australien insgesamt 55 Tierarten aus, davon 39 große. Die übrigen, beispielsweise *Warenja* (ein primitiver Wombat) und der prähistorische Vetter der winzigen Sporendrossel, waren kleiner. Manche Arten verschwanden in bestimmten Regionen, wurden aber nicht völlig ausgelöscht. Koalas und Wombats zum Beispiel starben in Westaustralien aus, gedeihen im Osten aber bis heute.

Unbeschadet überstanden nur die wenigsten Großtiere diese Periode. Das größte einheimische Säugetier Australiens ist heute das Rote Riesenkänguru, dessen Männchen bis zu 90 Kilogramm wiegen können. Außer ihm überlebten das Graue Riesenkänguru, Antilopen- und Bergkänguru, Leisten- und Australien-Krokodile, Emus und Kasuare.

Nach dem Massensterben gab es in Australien keine großen Grasfresser mehr, und auch große landlebende Raubtiere fehlten.

Das größte räuberische Beuteltier war bis vor kurzem der Beutelwolf, der ungefähr die Ausmaße eines Deutschen Schäferhundes hatte. Australien war kein

▲ Die einzigen großen Reptilien, die sich nach dem Untergang von *Megalania* in Australien erhalten haben, sind das Leistenkrokodil (*Crocodylus porosus*) und das Australien-Krokodil (*Crocodylus johnsoni*).

◀ Mit 30 bis 55 Kilogramm ist der Emu (*Dromaius novaehollandiae*) eines der wenigen heute noch lebenden Großtiere Australiens; im Vergleich zu der ausgestorbenen *Genyornis* ist er winzig.

Land der schwerfälligen Giganten mehr – wer überleben wollte, musste von nun an klein oder schnell sein.

Wann die australische Megafauna endgültig ausstarb, ist umstritten. Stichhaltige Indizien legen die Vermutung nahe, dass sie bis vor 25.000 bis 30.000 Jahren überlebte, vielleicht auch noch ein wenig länger – in der Höhle Clogg's Cave in Victoria fand man einen 22.000 Jahre alten Unterkiefer des prähistorischen Kängurus *Sthenurus*.

Nach Ansicht mancher Fachleute spricht aber die Mehrzahl der Datierungen für ein Aussterben vor rund 46.000 Jahren, sodass man spätere Daten mit Zurückhaltung betrachten sollte. Einige Male wurde sogar behauptet, *Diprotodon* habe noch vor 6000 Jahren bei Lime Springs in New South Wales gelebt, aber wie sich später herausstellte, handelte es sich bei den Funden um alte Knochenbruchstücke, die mit jüngerer Holzkohle vermischt waren, was die Datierung verfälschte.

WER WAR'S?

Haben Menschen zum Aussterben der australischen Großtiere beigetragen? Da man für Ureinwohner und Megafauna eine zeitliche Überschneidung von mindestens 5000 Jahren annimmt, ist eines sicher: Ein Blitzkrieg nordamerikanischen Stils hat in Australien nicht stattgefunden. Zur Beantwortung obiger Frage muss man Knochen und Werkzeuge sehr gründlich auf Jagd- und Schlachtspuren untersuchen. Wir wissen nur, dass die Menschen gezielt Feuer entzünden konnten und dass diese gelegten Brände zum Aussterben der australischen Monster beigetragen haben – ob mit Absicht oder nicht.

▶ **Die Vorfahren der heutigen Aborigines betrieben eine hoch entwickelte Form der Landbewirtschaftung mit Feuer.**

Der Strohhalm, der *Diprotodon* das Genick brach

Auf jeden Experten, der den Menschen die Schuld am Aussterben der Großtiere gibt, kommt ein anderer, der das Klima verantwortlich macht. Wenn die Megafauna bis vor 25.000 Jahren erhalten blieb, ist dieser Zeitpunkt noch aus einem anderen Grund von großer Bedeutung: Er kennzeichnet den Beginn einer Klimaverschlechterung, die in die kälteste, ungemütlichste Phase der letzten Eiszeit mündete. Überall in Australien trockneten nach und nach die Seen aus, und vor 18.000 Jahren, auf dem Höhepunkt der Eiszeit, waren viele von ihnen völlig verschwunden.

Vielleicht war diese Austrocknung Australiens der letzte Sargnagel für die Großtiere, denn Wasser ist im Outback ein kostbares Gut und bestimmt über das Leben der Tiere. Für große Tiere wie *Diprotodon* und *Procoptodon*, die nicht weit wandern konnten und wahrscheinlich jeden Tag trinken mussten, hatte das Verschwinden der Seen katastrophale Folgen. Kleineren Konkurrenten wie dem Roten Riesenkänguru dagegen reichte wahrscheinlich die Flüssigkeit aus den Blättern, von denen sie sich ernährten.

Nach Ansicht mancher Fachleute drängten sich die Großtiere in dem immer trockeneren Klima in kleinen Gruppen zusammen, die durch große Entfernungen getrennt waren. Bei Nahrungsknappheit ging dann immer wieder eine dieser kleinen Populationen zu Grunde, bis schließlich die ganze Art zum Untergang verdammt war.

Wie sich herausstellte, besteht auch zwischen Eiszeit und Feuer ein überraschender Zusammenhang. Brände haben in den Phasen (die alle 30.000 Jahre wiederkehren), wenn das Phänomen „El Niño" auftritt, besonders große Auswirkungen auf die australische Landschaft. Noch größer ist der Effekt, wenn die ElNiño-Aktivität mit einer kalten Vereisungsphase zusammenfällt. Demnach sollte man mit wechselnden Auswirkungen des Feuers auf die Ökosysteme Australiens rechnen, je nachdem, ob die El-Niño-Phasen und kalte, trockene Vereisungsperioden gleichzeitig oder versetzt zueinander auftreten. Solche Zyklen führten für die Blätter fressenden Großtiere abwechselnd zu Krisen und Zeiten des Überflusses. Und dieses ökologische Wechselspiel störte nun der Mensch.

Die ersten Australier dürften Feuer entzündet haben, sobald sie den Fuß auf den Kontinent gesetzt hatten. Aber ihre Tätigkeit hatte anfangs keinen großen Einfluss auf die Umwelt. Vor 45.000 bis 35.000 Jahren jedoch, während der nächsten Phase der El-Niño-Aktivität, wirkten Menschen und Klima unwissentlich zusammen, und das hatte gewaltige Folgen: Stichhaltigen Indizien zufolge

▲ **Begegnung zweier Raubtiere im prähistorischen Australien. Die Konkurrenz mit den Menschen und der Klimawandel dürften zum Aussterben der Riesenechse *Megalania* geführt haben.**

BAUERN, DIE NICHT SO HEISSEN

Viele traditionelle Gruppen der Aborigines ähneln eher einer bäuerlichen Gesellschaft als den „typischen" Gruppen der Jäger und Sammler, wie sie zum Beispiel durch die !Kung in der Kalahari repräsentiert sind. Die australischen Ureinwohner sind relativ sesshaft und haben ein hoch entwickeltes System der Landbewirtschaftung. Grundlage ihrer gesellschaftlichen Hierarchie sind Alter und Geschlecht, polygame Ehen und komplizierter Tauschhandel. Deshalb ist die Lebensweise der heutigen oder in historischer Zeit beschriebenen Aborigines möglicherweise nicht repräsentativ für Gesellschaft und Verhalten der ersten Australier.

Die heutigen Gesellschaften der Ureinwohner entstanden erst in den letzten 3000 bis 8000 Jahren durch eine ganze Reihe kultureller Wandlungen. Die Verteilung der Sprachen änderte sich, neue Kunststile entstanden, und vor rund 7000 Jahren wurde die Speerschleuder erfunden. Vielleicht brachten neue Einwandererwellen auch neue Sitten und Gebräuche nach Australien, oder sie setzten einen Wandel der örtlichen Traditionen in Gang.

begannen die Ureinwohner vor rund 40.000 Jahren, den Charakter Australiens durch Brände nachhaltig zu prägen. Den stärksten Einfluss auf die Umwelt hatten die Menschen im Nordosten, wo El Niño sich auch heute am stärksten bemerkbar macht. Das größte Werkzeug des Menschen, das Feuer, wurde zu einem entscheidenden Faktor für die Zukunft Australiens.

Pflanzen, die an regelmäßige Brände angepasst sind, sind für Pflanzenfresser am wenigsten genießbar. Viele, beispielsweise die *Eucalyptus*-Arten, enthalten in ihren Blättern wirksame Giftstoffe. Wie man schon seit langem weiß, ist der Koala speziell an Eukalyptusblätter als Nahrung angepasst – er frisst pro Tag mehr als ein Kilogramm. Aber selbst diese robusten kleinen Tiere müssen einzelne *Eucalyptus*-Arten während bestimmter Jahreszeiten meiden, sonst vergiften sie sich. Vielleicht löste die Ausbreitung solcher ungenießbarer Pflanzen den Niedergang von Blätterfressern wie *Diprotodon* und *Palorchestes* aus, die nun immer weiter wandern mussten, um noch ausreichende Nahrungsmengen zu finden. Arten wie das Rote Riesenkänguru, das auf der Suche nach guten Weidegründen große Entfernungen überwinden kann, behielten gegenüber eher standorttreuen Tieren wie *Diprotodon* die Oberhand. Die widersprüchlichen Notwendigkeiten – einerseits mussten sie nahe am Wasser bleiben, andererseits aber zur Nahrungssuche weite Wanderungen unternehmen – könnte die großen Blätterfresser in den unvermeidlichen Untergang getrieben haben.

Kam es also zum Aussterben der Megafauna, weil die von Menschen gelegten Brände eine Zerstörung der Ökosysteme vorantrieben, die durch natürliche Feuer bereits begonnen hatte? Mit ihrer Fähigkeit, das Feuer zu beherrschen und kontrolliert einzusetzen, konnten sie ihre Umwelt nach eigenen Wünschen gestalten. Bewusst gelegte Buschbrände waren weltweit die erste Form der Landbewirtschaftung – und führten dazu, dass die großen Pflanzenfresser und die Raubtiere, die von ihnen lebten, ausgelöscht wurden.

Die eiszeitlichen Entdecker hatten eine neue Heimat gefunden, den Kontinent erobert und die Landschaft nach ihren eigenen Wünschen gestaltet. Australien hatte sich ein für alle Mal verändert.

▶ In nur 1000 bis 3000 Jahren nach der ersten Landung drangen die ersten Australier bis in alle Winkel ihres Kontinents vor. Die Monster, auf die sie dabei trafen, starben später aus.

3

EUROPA

Vor 40.000 Jahren

Volle 50.000 Jahre schreckte *Homo sapiens* an den Rändern Europas zurück. Erst als Pioniere eines neuen Typs aus dem Nahen Osten in den Kontinent vordrangen, wurde die eisige Grenze überwunden. In Europa entdeckten sie ein Land des Überflusses: kalte, windumtoste Graslandschaften, in denen es von Großtieren nur so wimmelte.

◀ Europa war im oberen Paläolithikum die Heimat von Rentieren und anderen Arten, die wir heute mit der Arktis in Verbindung bringen. Auch „kälteangepasste" Tiere aus Afrika lebten hier.

Die Eis-Serengeti

Heute leben wir im Paradies. Während der letzten 10.000 Jahre herrschte auf der Welt ein mildes, stabiles Klima – aber so war es nicht immer. In den letzten hunderttausenden von Jahren erlebte Europa dramatische Wandlungen, von schneidender Kälte bis zu angenehmer Wärme. Manchmal spielte sich ein solch extremer Klimawechsel in noch nicht einmal einer Generation ab. Vor wenig mehr als 40.000 Jahren drang *Homo sapiens* in das unberechenbare Land im Norden vor – und machte es sich untertan.

Während der Eiszeit war es in weiten Teilen Europas so kalt und trocken, dass

▲ Auf dem Höhepunkt der Eiszeit war es in großen Teilen Europas so kalt und trocken, dass keine Bäume gedeihen konnten. Tundra und Tundrasteppe herrschten vor.

keine Bäume gedeihen konnten. Statt Wäldern gab es Graslandschaften und Tundra. Die Pflanzen dieser beiden Lebensräume trafen aufeinander, vermischten sich und bedeckten schließlich große Regionen von Ost-, Mittel- und Westeuropa. Das einzigartige „Tundrasteppen-Ökosystem" blieb erhalten, so lange die eiszeitlichen Gletscher weiter vorrückten, und verschwand, als sie schmolzen.

Die Tundrasteppe war eine ungeheuer reichhaltige Umwelt. Der Winter war zwar hart, aber im Sommer war es kaum kühler als heute. Anders als die Tundra im heutigen Nordpolargebiet mit ihrem kurzen Sommer und einer sehr eingeschränkten Wachstumssaison erlebte das eiszeitliche Europa die lange warme Jahreszeit, die auch heute in europäischen Breiten herrscht. Frühjahr und Sommer waren von Sonnenlicht und Wärme geprägt, die das Pflanzenwachstum begünstigten. Die üppigen Gräser, Kräuter und Moose ernährten ihrerseits riesige Herden grasender Tiere. Europa und Zentralasien waren eine wahre Serengeti der Eiszeit.

Genau wie die Pflanzen aus Tundra und Graslandschaft, die gemeinsam die Vegetation der Tundrasteppe bildeten, so wanderten auch Tiere sowohl von Nor-

EINE WINTERLICHE WELT

Die Zeit, als die ersten Jetztmenschen in Europa lebten, heißt oberes Paläolithikum oder späte Altsteinzeit. Sie bestand aus einer Reihe kälterer und wärmerer Phasen. An den Grenzen Europas lebte *Homo sapiens* schon seit 50.000 Jahren, war aber wegen des wechselnden Klimas nicht weiter vorgedrungen.

Als eine besonders harte Kälteperiode Europa im Griff hatte, waren ganz Schweden und Norwegen vom Polareis bedeckt. Auch aus Gebirgsgegenden wie den Alpen und dem schottischen Hochland drangen die Gletscher vor; die Schneegrenze lag 1000 Meter tiefer als heute. Im Winter fiel die Temperatur im Norden (Dänemark) bis auf -27 °C, in Frankreich bis auf -20 °C. Zur Zeit der stärksten Vereisung, als das Klima seine Extremwerte erreichte, dürfte sie noch einmal um 20 bis 25 °C tiefer gelegen haben. Selbst in den wärmsten Sommermonaten wurde es dann nicht wärmer als +10 bis +11 °C – Verhältnisse wie heute in der arktischen Tundra.

Zu den eisigen Temperaturen kam die Trockenheit: Es regnete und schneite nur halb so viel wie heute. Überraschenderweise war es auch staubig. Da die Gletscher den Untergrund abschliffen und Wälder fehlten, war der Boden im Norden starker Erosion ausgesetzt. Heftiger Wind wirbelte den Staub auf und trug ihn nach Süden. Der fruchtbare Ackerboden im heutigen Mitteleuropa (Löss) ist eine dicke Schicht dieser vom Wind verwehten Böden – eine Hinterlassenschaft eiszeitlicher Staubstürme.

Während einer solchen eisigen Trockenzeit vor 41.000 bis 39.000 Jahren erkundeten Pioniere der Art *Homo sapiens* zum ersten Mal den europäischen Kontinent. Eine zweite, noch strengere Kälteperiode (die den Höhepunkt der Eiszeit darstellte) begann vor rund 25.000 Jahren und endete vor 13.000 Jahren. In dieser Phase herrschten im heutigen Großbritannien und anderen Regionen Nordeuropas so unwirtliche Bedingungen, dass viele Tiere dort nicht mehr überleben konnten und abwanderten.

den als auch von Süden in die reichhaltige neue Umwelt ein. Zum ersten Mal vermischten sich arktische Tiere wie Moschusochse, Rentier und Wolf mit Löwen, Tüpfelhyänen und anderen afrikanischen Arten. So entstand eine ungeheuer vielgestaltige Tierwelt; ihr beherrschendes Element waren riesige Herden großer Pflanzenfresser, die von Rudeln Fleisch fressender Tiere gejagt wurden. Und unter die Räuber, die in Gruppen auf die Jagd gingen, mischte sich auch *Homo sapiens.*

Es gab aber während der Eiszeit auch wärmere Abschnitte – keine echten Zwischeneiszeiten wie unsere derzeitige Periode, aber doch Phasen mit milderem Klima. Im Gefolge des wärmeren Wetters verbreiteten sich auch die Bäume wieder über Europa. Der Süden war von Laubwäldern bedeckt, und die widerstandsfähigeren Nadelwälder drangen bis nach Mitteleuropa vor.

Im Norden blieb die Tundrasteppe bestehen, und sobald die Warmphase vorüber war, dehnte sie sich wieder aus. Vor etwa 39.000 Jahren kam es in einer solchen milderen Periode zu einer plötzlichen Klimaveränderung, die rund 3000 Jahre Bestand hatte.

In dieser Zeit mit relativ mildem Wetter fasste *Homo sapiens* endgültig Fuß in Europa.

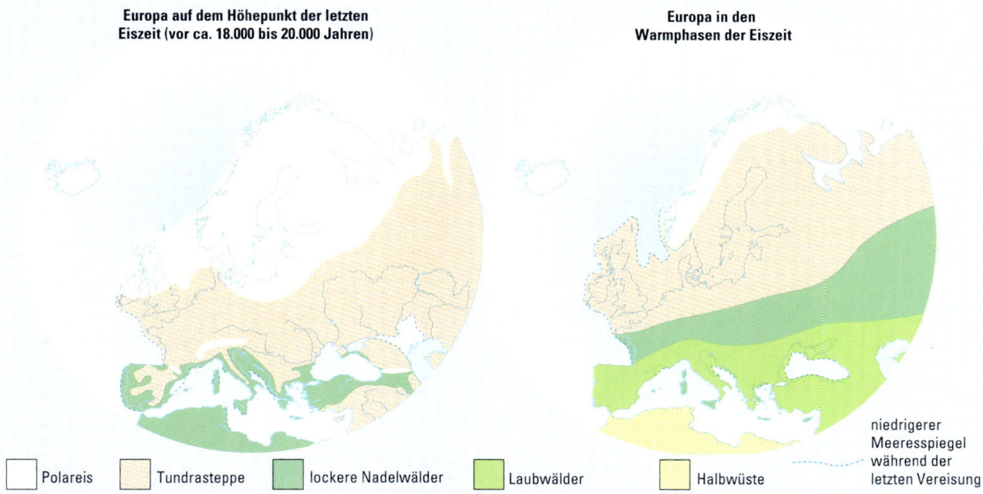

▲ Vegetation- und Meeresspiegel-Schwankungen während Europas Eiszeit

Die Entdeckung Europas

Menschen waren in Europa vor 40.000 Jahren kein ungewohnter Anblick. Kleine Gruppen von Jägern und Sammlern lebten dort bereits seit 300.000 Jahren – ihr geografisches Verbreitungsgebiet wuchs und schrumpfte je nach dem Auf und Ab des Klimas. Diese ersten Bewohner waren aber keine Jetztmenschen, sondern Nachkömmlinge des archaischen *Homo sapiens*. Mit ihrem kurzen, gedrungenen Körperbau und einer breiten, flachen Nase waren sie sehr gut an die Kälte angepasst. Wir bezeichnen sie heute als Neandertaler (*Homo neanderthalensis*).

Über 250.000 Jahre lang hatten die Neandertaler den europäischen Kontinent für sich. Dann wanderte im Laufe von 4000 oder 5000 Jahren ein neuer Menschentypus aus dem Nahen Osten ein und verbreitete sich über ganz Europa. Jetzt lebten zwei Menschenarten nebeneinander.

Menschen des vollständig modernen Typus gab es im Nahen Osten bereits vor rund 100.000 Jahren, und es war ihnen gelungen, sich von dort in östlicher Richtung quer durch Indien und Südostasien zu verbreiten. Vor den Toren Europas hatten sie jedoch aufgrund des Klimas fast 50.000 Jahre lang Halt gemacht. Der prähistorische *Homo sapiens* war zwar im Vergleich zu heutigen Menschen kräftig gebaut, er hatte aber die schlanke Statur mit langen Gliedmaßen, die für wärmere Regionen typisch ist und sich nicht gut für den kalten Winter im Europa des Paläolithikums eignete.

Da *Homo sapiens* der untersetzte Körperbau der Neandertaler fehlte, blieb ihm der kalte Norden verschlossen. Vermutlich wagten sich einige tapfere Familien hin und wieder ein Stück weiter vor, aber es blieb bei flüchtigen Besuchen, bis ein revolutionärer Wandel von Technik und Kultur einsetzte.

Dass die Menschen weiter nach Norden vorankamen, hatten sie einer einfachen, aber tief greifenden Technik zu verdanken: dem Nähen. Vermutlich konnte man schon seit einiger Zeit die Felle von Tieren mit einfachen Stichen zusammenfügen, aber erst jetzt setzte sich die Neuerung geschneiderter Kleidung durch. Statt sich einfach einen Umhang über die Schulter zu werfen oder einen Rock um die Hüften zu binden, stellten die Menschen nun Kleidungsstücke her, die zur Körperform passten. Hosen, Mäntel, Mützen, Schuhe, Stiefel und Handschuhe waren unentbehrlich, wenn man die Tundrasteppe erobern wollte. Sauber gefertigte, doppelte Nähte hielten den Wind ab. Man konnte mehrere Schichten anlegen, wobei schwere Kleidungsstücke über leichteren getragen wurden. Pelze zog man entweder zum Warmhalten mit dem Fell nach innen an, oder mit den Haaren nach außen, wenn man die besonderen Wasser abstoßenden Eigenschaften eines bestimmten Pelzes nutzen wollte.

▶ Nadeln aus Knochen trugen dazu bei, dass der Mensch sich im unwirtlichen Klima Nordeuropas und Nordasiens behaupten konnte.

Das Nähen diente nicht nur der Fertigung von Kleidungsstücken. Ebenso stellte man Zelte aus Tierhäuten her, die man auf diese Weise ebenfalls wind- und wasserdicht machen konnte. Der Bedarf an ganz bestimmten Fellen führte zu einer neuen Art der Jagd: Statt opportunistisch alles zu erlegen, was ihnen begegnete – wie es vermutlich die Neandertaler taten –, machten sich die Jetztmenschen gezielt daran, ganz bestimmte Arten wegen ihrer Felle aufzuspüren.

Dass die Jagd ganz bestimmte Beutetiere zum Ziel hatte, zeigt sich auch an einer zweiten technischen Neuerung: Es gab mittlerweile spezialisierte Waffen und Strategien. Das Werkzeugarsenal der Neandertaler war sehr einfach: Ein einziger Speer diente dazu, alle möglichen mittelgroßen und großen Tiere zu erlegen. *Homo sapiens* dagegen stellte ein ganzes Spektrum von Werkzeugen aus unterschiedlichen Materialien her – aus Stein, Holz, Knochen und Geweihen –, und jedes diente dazu, ganz bestimmte Tiere auf eine ganz bestimmte Art zu jagen. Eine große, schwere Schneide, mit der man die Haut eines Mammuts durchdringen kann, ist nichts für Angriffe auf Rentiere und andere kleine Beutetiere, und ebenso wenig eignet sie sich als Speer für den Fischfang; und mit Netzen fängt man keine Bisons, sondern Kaninchen. Die Jäger des oberen Paläolithikums entschieden sich im Voraus, welche Tiere sie jagen wollten, und nahmen die jeweils geeigneten Waffen mit.

Manche kulturellen Veränderungen, mit deren Hilfe die Jetztmenschen in Europa und später auch in Zentralasien überleben konnten, sind uns bereits in der Geschichte über Australien begegnet: Grundlage des Überlebens ist die Tradition des Teilens, durch die eine Gruppe von Jägern und Sammlern von einer lockeren Ansammlung einzelner Personen zu einer funktionsfähigen Gemeinschaft wird. Die ersten vollständig modernen Menschen kamen offensichtlich auf die Idee, ihre Gemeinschaft über die unmittelbare Kleingruppe hinaus zu erweitern. Ganz ähnlich wie die Menschen, die heute auf Sylt oder in Bayern leben und sich dennoch alle als Deutsche verstehen, so dürften auch die weit verstreuten Gruppen des *Homo sapiens* in ganz Europa sich alle für Vertreter des Aurignacien gehalten haben.

Heute tun Menschen ihre Gruppenzugehörigkeit mit Abzeichen, Kleidung, Fahnen, Frisuren und vielem anderen kund. Vielen Indizien zufolge verfügte der prähistorische *Homo sapiens* bereits über ganz ähnliche Mittel, um seine Stammeszugehörigkeit zu kennzeichnen. Manche Werkzeuge waren gezielt in einem bestimmten Stil gestaltet, als ob sie nicht zu einer Funktion, sondern zu einer Gesetzmäßigkeit passen sollten. Diese Menschen betrieben Handel über große Entfernungen (Muschelschalen und Ähnliches wurden 700 Kilometer weit transportiert) und stellten charakteristische Bildwerke her, beispielsweise die kleinen Figuren von „Göttinnen", die über ein weites geografisches Gebiet verbreitet waren. Daraus kann man schließen, dass es zwischen den Gruppen umfangreiche soziale Kontakte gab, mit Handel, Eheschließungen und der Weitergabe von Nachrichten über weit entfernte Menschen und Regionen. Höchstwahrscheinlich halfen die Menschen des Aurignacien sich auch gegenseitig in Krisenzeiten, indem sie Nahrungsvorräte abgaben, ihre Kräfte bündelten oder andere Gruppen vorübergehend in ihre Jagdgebiete einwandern ließen. Eine solche Handlungsweise war für die Neandertaler mit ihren weitaus geringeren sozialen Fähigkeiten wahrscheinlich nicht vorstellbar. Ihnen erschien vermutlich jede Gruppe von Fremden als gefährliche Konkurrenz. *Homo sapiens* dagegen konnte unbekannte Personen als potenzielle Verbündete erkennen, wenn sie Kleidung eines bestimmten Stils trugen, Speerspitzen eines bestimmten Typs benutzten oder ihren Körper auf charakteristische Weise schmückten, und zwar selbst dann, wenn er ihnen zuvor noch nicht persönlich begegnet war.

Die Werkzeuge, die es ermöglichten, dass diese Menschen in die Tundrasteppe vordringen konnten, waren Nadel und Ahle. Dass sie dort zurechtkamen, lag an ihren Waffen und ihrem Geist.

Die Begegnung der menschlichen Monster

Im Zusammenhang mit der Besiedelung Europas durch unsere Art ist vor allem eine Frage besonders faszinierend: Welche Beziehung hatten unsere Vorfahren zu den Neandertalern? Lebten sie friedlich nebeneinander, oder gab es Konflikte? Als eine neue Art mit ähnlichen Gewohnheiten und ähnlicher Lebensweise einwanderte, musste es zwangsläufig zu Konkurrenz um Platz und Nahrung kommen. Aber führte das zu offener Aggression, oder wurden die Neandertaler nur allmählich verdrängt, weil ihre Zahl abnahm, während die unserer Vorfahren gleichzeitig wuchs? In manchen Regionen bestanden sicher friedliche Kontakte, denn die Neandertaler lernten von den Jetztmenschen manche Methoden der Werkzeugherstellung und versuchten auch, ihren Schmuck nachzuahmen.

DAS AURIGNACIEN

Wann genau kamen die ersten Jetztmenschen nach Europa? Die ältesten unmittelbaren Belege sind Grabstätten aus der Zeit vor 32.000 bis 33.000 Jahren. Andere Indizien lassen aber auf eine noch frühere Besiedelung schließen: Plötzlich tauchen in Europa charakteristische Werkzeuge aus Stein, Knochen und Elfenbein auf, Kennzeichen einer Kultur, die man in der Archäologie als Aurignacien bezeichnet.

Vorläufer von Aurignacien-Werkzeugen gab es in Bacho Kiro im heutigen Bulgarien erstmals vor 43.000 Jahren und in Südwesteuropa vor 39.000 Jahren. Wegen dieser sehr schnellen Ausbreitung von Osten nach Westen ist nur schwer festzustellen, welchen Weg die Hersteller der Werkzeuge nahmen. Die Werkzeugmacher von Bacho Kiro waren wahrscheinlich die Pioniere, die von Osten nach Europa vordrangen – entweder über Griechenland und den Balkan oder aber rund um das Schwarze Meer und über die Ukraine. Nach einer anderen Theorie kamen die Pioniere des frühen Aurignacien über Gibraltar aus Nordafrika und hinterließen ihre Werkzeuge, bevor sie nach Osten wanderten – aber an diese westliche Route glauben nur wenige Fachleute.

▶ Ein Anhänger aus dem Aurignacien mit Ritzzeichnungen.

Vor 40.000 Jahren war der moderne *Homo sapiens* in Europa angekommen. Dass die Vertreter des Aurignacien die Neandertaler verdrängen und den Kontinent erobern konnten, lag nicht an den körperlichen, sondern an den kulturellen Unterschieden.
Sie waren die ersten echten Europäer.

Vielleicht wurden nicht die Menschen, sondern die Bäume den Neandertalern zum Verhängnis. Sie waren keine Waldbewohner – wo die Bäume vorrückten, zogen die Neandertaler sich zurück, denn das Überleben fiel ihnen in einer warmen, bewaldeten Umwelt schwerer. Wahrscheinlich ist es kein Zufall, dass die Pioniere des Aurignacien in Europa endgültig Fuß fassten, als ein milderes Klima herrschte und die Wälder sich im Norden bis nach Frankreich und in den Süden Polens ausgedehnt hatten. Aurignacien-Werkzeuge aus der Zeit vor

DER HÖHLENBÄR

Ein wahres Monster der Eiszeit war der Höhlenbär (*Ursus spelaeus*). Er gehörte zu den größten Bären der Welt und reichte in seinen Ausmaßen fast an den Kodiakbär (*Ursus arctos middendorffi*) heran. Das Gewicht des Höhlenbären wird auf 400 bis 700 Kilogramm geschätzt, wobei die Männchen fast doppelt so schwer waren wie die Weibchen. Ein europäischer Braunbär dagegen bringt es nur auf 95 bis 390 Kilogramm. Am zahlreichsten waren die Höhlenbären in Westeuropa, ihre Überreste hat man aber auch im Osten bis zum Kaspischen Meer gefunden.

Der Höhlenbär war stämmig gebaut und hatte einen großen Kopf mit gewaltigen Reißzähnen. Höhlenmalereien zeigen kurze Ohren und ein schweineähnliches Gesicht mit deutlich betontem Stopp, sodass er fast wie ein riesiger – allerdings sehr gefährlicher – Teddybär wirkt. Trotz seiner Größe lassen die Zähne erkennen, dass er sich vorwiegend vegetarisch ernährte, sogar in noch größerem Umfang als die heutigen Braunbären der Alten Welt.

Die Höhlenbären überwinterten in Höhlen und brachten dort vermutlich auch ihre Jungen zur Welt. Man hat ihre Fußabdrücke an Höhlenböden und ihre Krallenspuren an den Wänden gefunden. In engen Durchgängen haben sie sogar mit ihrem Fell die Höhlenwände blank geschliffen. Eine Höhle in Österreich enthielt die Knochen von 30.000 bis 50.000 Bären – sie diente ihnen also über viele Generationen als Behausung.

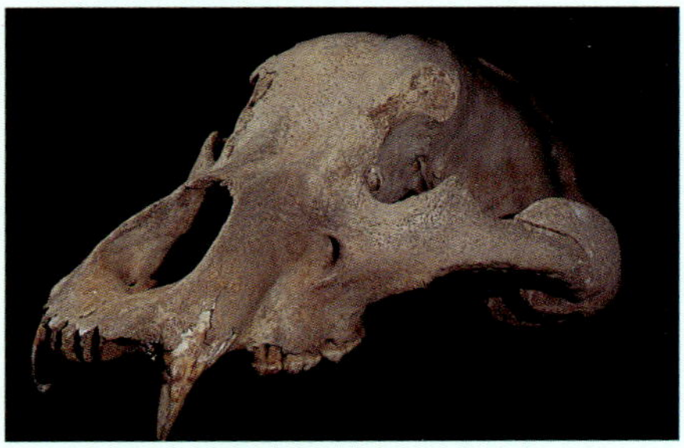

▲ **Schädel eines Höhlenbären. Trotz seiner großen Reißzähne ernährte der Höhlenbär sich vorwiegend vegetarisch.**

Eine Höhle, in der ein Höhlenbär gut überwintern konnte, eignete sich auch für die Menschen als Unterschlupf oder zum Anbringen von Malereien. Menschen, Höhlenbären und Braunbären suchten sicher die gleichen Höhlen auf, allerdings nicht unbedingt zur gleichen Zeit. Dennoch muss es um die Besitzverhältnisse gefährliche Konflikte gegeben haben, und die Menschen mieden sicher geflissentlich die von den Bären genutzten Höhlen.

Das Schicksal des Höhlenbären war wahrscheinlich untrennbar mit dem seines Konkurrenten verknüpft, des Braunbären: Während die eine Art gedieh, ging die andere zu Grunde. In Großbritannien wurden die Höhlenbären vor 10.000 Jahren von den Braunbären verdrängt. Anderenorts in Europa erging es den Höhlenbären besser, aber als das Eis sich zurückzog, schrumpfte ihre Zahl überall, und schließlich starben sie aus.

34.000 Jahren findet man in ganz Europa, Produkte der Neandertaler dagegen gab es zu jener Zeit nur noch in eng begrenzten Regionen. Als der nächste Klimaumschwung wieder die Neandertaler begünstigte, waren ihre früheren Gebiete bereits vom *Homo sapiens* besetzt. Vor rund 30.000 Jahren verschwanden die Neandertaler endgültig von der Bildfläche.

Die Tierwelt des Paläolithikums

Viele große europäische Säugetiere sind uns auch heute noch vertraut: Rothirsch, Rentier, Bison, Braunbär und Wolf. Andere, so der Höhlenlöwe und die Höhlenhyäne, waren eigentlich moderne Arten in eiszeitlichem Gewand, kräftigere Formen des afrikanischen Löwen und der Tüpfelhyäne, die sich mit ihrer Körpergröße an das Leben im kalten Klima angepasst hatten. Andere europäische Monster, so der Auerochse (ein Wildrind), der Riesenhirsch (auch „Irischer Elch“ genannt) sowie Höhlenbär, Wollhaarnashorn und Wollhaarmammut, sind heute ausgestorben.

Die Zusammensetzung der Megafauna hing jeweils vom Klima ab. In den wärmeren Phasen der Eiszeit besiedelten Wald bewohnende Tiere zusammen mit der vorrückenden Baumgrenze den europäischen Kontinent. Damhirsche, Wildschweine, Auerochsen und Leoparden vermehrten sich. Auch Tiere, die wärmere Bedingungen bevorzugten wie eine Elefanten-Art mit gestreckten, geraden Stoßzähnen und das Flusspferd, gediehen.

Bei kälterem Klima dehnten Graslandschaften oder Tundra sich weiter aus, und dann waren Rentiere, wilde Pferde, Bisons, Löwen, Wollhaarnashorn und Wollhaarmammut die beherrschenden Arten. Rentiere und Bisons wurden häufiger, Wollhaarnashorn und Mammut dagegen waren im Rückzug begriffen, vermutlich weil sie an die härtesten Bedingungen weniger gut angepasst waren. Auf dem Höhepunkt der Eiszeit wurden manche Tiere, darunter Wollhaarnashorn und Mensch, anscheinend aus Nordeuropa, einschließlich des heutigen Großbritannien und Deutschland, völlig verdrängt.

Unsere Kenntnisse über die Tiere im steinzeitlichen Europa stammen nicht nur aus Knochen und Fußabdrücken, sondern auch aus einer weiteren großartigen Quelle: der prähistorischen Kunst. Überall in Mittel- und Südeuropa findet man Gravuren, Zeichnungen und Malereien mit Tierdarstellungen; die Zentren dieser Kunst lagen im heutigen Frankreich und Spanien. Erste Kunstwerke entstanden bereits, kurz nachdem die Menschen eingewandert waren. Die Bilder von Nashörnern in der Höhle von Chauvet sind 32.400 Jahre alt, Elfenbein-

DAS WOLLHAARNASHORN

▲ **Das Wollhaarnashorn wog fast zwei Tonnen und hatte fast keine natürlichen Feinde.**

Das Wollhaarnashorn (*Coelodonta antiquitatis*) besiedelte Europa vor mindestens 170.000 Jahren. Es war mit Ausnahme des vereisten Skandinavien und der wärmeren Regionen im Süden Italiens und Griechenlands in ganz Europa zu Hause. Das Wollhaarnashorn war ein Grasfresser – in seiner Lebensweise ähnelte es dem heutigen Breitmaulnashorn (*Ceratotherium simum*), war aber hervorragend an das kältere Klima der gemäßigten Graslandschaften und der Tundrasteppe angepasst.

Woher wissen wir, dass das Wollhaarnashorn wirklich Wolle trug? Durch glückliche Zufälle entdeckte man in Sibirien mehrere eingefrorene Exemplare einschließlich des langen, zottigen Pelzes. Aus einer Salzlagerstätte in Spanien kennt man sogar ein eingepökeltes Wollhaarnashorn. Eine Überraschung waren die Überreste, was die Form des Horns anging: Es hat nicht die bekannte Kegelform, sondern sieht eher aus wie ein flacher Krummsäbel. Das Horn ist stets an der Unterseite abgeschabt, ein Indiz, dass das Nashorn damit im Winter den Schnee beiseite schob, um an das Gras zu gelangen.

In der Höhle von Chauvet wurden neben Löwen, Bären und Pferden auch viele Wollhaarnashörner gemalt. Fertigten die Menschen jener Zeit die Bilder aus Respekt vor einem Tier an, das ebenso gefährlich war wie Löwen oder Höhlenbären? Oder jagten sie es?

schnitzereien aus dem Hohlenstein-Stadel in der Schwäbischen Alb bringen es auf 32.000 Jahre. In den ältesten Kunstwerken überwiegen Darstellungen von Bären, Löwen und anderen Fleischfressern, später waren Pflanzenfresser das bevorzugte Motiv.

Die vorgeschichtlichen Künstler malten und schnitzten Tiere aus ganz bestimmten Gründen – ihre Kunst ist nicht nur zufälliger Ausdruck ihrer Kreativität. So malten sie beispielsweise nie Landschaften oder den Himmel, und auch Abbildungen von Insekten oder Pflanzen sind sehr selten. In ihrer Mehrzahl zeigen die Bilder geheimnisvolle Symbole oder große, Pflanzen fressende Säugetiere; Raubtiere, Menschen, Fische und Vögel kommen seltener vor. Manche

▲ Viele Bilder des Auerochsen (*Bos primigenius*) sind lebensgroß – die Schulterhöhe beträgt bis zu 2 Meter.

kleinen Tiere, beispielsweise die Nager, wurden überhaupt nicht gemalt oder geschnitzt, obwohl wir wissen, dass sie Höhlen und Lagerstellen mit den Künstlern teilten.

Der Preis für die meistgemalten Tiere geht an die Pferde, knapp dahinter kommen die Bisons und an dritter Stelle die Auerochsen. Man könnte sich vorstellen, dass sich in der Wahl der Motive das Spektrum der Arten widerspiegelt, die von den Menschen gejagt wurden, aber das ist nicht der Fall.

In Südwesteuropa, wo sich die meisten Kunstwerke befinden, erlegten die Jäger lieber Rentiere und Rothirsche. Pferd, Bison und Auerochse wurden nur in viel geringerem Umfang gejagt. Wahrscheinlich hatte die Kunst eine religiöse oder soziale Funktion, möglicherweise um ein starkes Gefühl der Stammesidentität zu entwickeln.

Die prähistorische Kunst liefert uns Erkenntnisse, die wir aus Tierknochen allein nicht gewinnen könnten. Aus den Malereien wissen wir, dass der ausgestorbene europäische Steppenwisent (*Bison priscus*) in seinem Aussehen dem ebenfalls europäischen Wisent (= Europäischer Bison, *Bison bonasus*) stärker ähnelte als dem Bison der amerikanischen Ebenen (*Bison bison*). Der Steppenwisent hatte am Kopf nicht die dichte Wollbehaarung, die beim amerikanischen Bison die typische „Kappe" bildet, und deshalb treten seine Hörner in den Malereien stärker hervor.

Außerdem hatte er auch weder einen langen Bart noch die ausgeprägte Behaarung an den Vorderbeinen. Wenn die prähistorischen Künstler mit ihren Farben sein Fell zutreffend wiedergaben, dürfte der Steppenwisent auch blasser gefärbt gewesen sein.

Aus den Zeichnungen in der Höhle von Chauvet wissen wir auch, dass die Männchen des Höhlenlöwen nur eine kleine oder überhaupt keine Mähne besaßen. Diese Tiere hatten nur die spärliche Behaarung des Jugendalters, nicht aber die üppige Haarpracht ihrer ausgewachsenen Vettern in Afrika.

▲ Pferde wurden von den Künstlern im eiszeitlichen Europa am häufigsten gemalt. Die Qualität der Abbildungen veranlasste Picasso zu dem Satz: „Wir haben nichts dazugelernt."

Auch über Reisen und Handel sagt die prähistorische Kunst etwas aus. 450 Kilometer von der nächstgelegenen steinzeitlichen Meeresküste entfernt hat man wunderschöne Gravuren von Robben gefunden. Diese Abbildungen muss ein Mensch geschaffen haben, der die lebenden Tiere beobachtet hatte. Die Gravuren gelangten dann entweder durch Handel ins Landesinnere, oder der Künstler nahm sie mit, als er sich von der Küste entfernte.

Bilden manche Zeichnungen vielleicht eine Landkarte, in der sich wichtige Merkmale der Landschaft und die jahreszeitlichen Tierwanderungen widerspiegeln? Nur bestimmte Abschnitte der Höhlenwände wurden mit Tieren bemalt (obwohl dafür auch an anderen Stellen viel Platz gewesen wäre), und die Zeichnungen wurden auch nur in bestimmten Höhlen angebracht (obwohl sich in der Nähe weitere geeignete Höhlen befinden). Es sieht so aus, als ob die Anordnung der Tierbilder in den Höhlen die Merkmale der umliegenden Landschaft widerspiegelt wie eine zoologische Landkarte. Deutet man die Malereien auf diese Weise, zogen Flüsse die größte Aufmerksamkeit der Künstler auf sich. Die Stellen und Zeitpunkte, an denen Tiere die Flüsse überquerten, waren anscheinend für die Menschen des Paläolithikums von großer Bedeutung, möglicherweise weil die Jagd dort einfacher war.

▲ **Der Höhlenlöwe Europas (*Panthera spelaea*) war eine Abwandlung seiner afrikanischen und asiatischen Vettern (*Panthera leo*). Seine Überreste stammen aus vielen Höhlen Europas.**

Leben, Tod und Kunst

Sich die Europäer des oberen Paläolithikums als einheitliche, über den ganzen Kontinent verbreitete Gesellschaft vorzustellen, die sich 30.000 Jahre lang überhaupt nicht änderte, wäre völlig falsch. Diese Menschen entwickelten im Laufe der Zeit eine vielfältige Kultur mit unterschiedlichen Begräbnisriten und Jagdmethoden, aber auch mit einer ständigen Weiterentwicklung von Stil und Vielfalt ihrer Werkzeuge und Kunstwerke. Zu jedem einzelnen Zeitpunkt jedoch bestanden Ähnlichkeiten zwischen weit voneinander entfernten Gruppen, die zu Handel und Zeremonien zusammenkamen. In den Steppen Eurasiens lebten die Menschen während der Eiszeit in kleinen Nomadengruppen, die zur kulturellen Stabilität beitrugen; erst viel später wurden sie sesshaft und gingen zu einer Lebensweise in isolierten Dörfern über, sodass sich erkennbare lokale Traditionen entwickeln konnten.

Unser Wissen über die Kultur des Paläolithikums stammt im Wesentlichen aus zwei Quellen: Kunst und Grabstätten. Eine weit verbreitete Tradition war die Herstellung kleiner „Venus“- oder „Göttinnen“-Figuren, die man von Frankreich bis in die Ukraine gefunden hat. Die meisten stammen aus späteren Kulturen, einige dürften aber auch bis zu 30.000 Jahre alt sein und sind demnach während des Aurignacien entstanden. Mittlerweile hat man über 200 solcher Frauenstatuetten entdeckt. Sie wurden aus Elfenbein, Stein und Bernstein geschnitzt oder aus Ton geformt. Meist versteckte man sie an geheimen Orten, beispielsweise in Lagergruben oder im dunkelsten Winkel einer Höhle, und viele waren absichtlich zerbrochen, als hätte man die Figuren im Rahmen einer Zeremonie „umgebracht“. Beide Beobachtungen sprechen für die Vermutung, dass sie eine religiöse Bedeutung hatten. Einen besonders spektakulären „Tod“ erlitten die Ton-Statuetten von Dolni Vestonice in Tschechien: Ihre Hersteller fanden heraus, dass der Ton zerbrach und explodierte, wenn man ihn ins Herdfeuer oder in einen Ofen legte.

Als künstlerische Blütezeit des steinzeitlichen Europa gilt das Magdalenien vor 17.000 bis 11.000 Jahren: In dieser Zeit entstanden die meisten Höhlenmalereien und geschnitzten Kunstwerke. Die Künstler des Magdalenien malten die berühmten Höhlen von Lascaux in Frankreich und Altamira in Spanien aus. Als Pablo Picasso 1940 in Lascaux war, verglich er die Bilder mit modernen Kunstwerken und sagte über die zeitgenössischen Künstler: „Wir haben nichts dazugelernt.“

Höhlenkunst findet man vorwiegend im Südwesten Europas, das heißt in Frankreich und Spanien. In Großbritannien gibt es seltsamerweise überhaupt

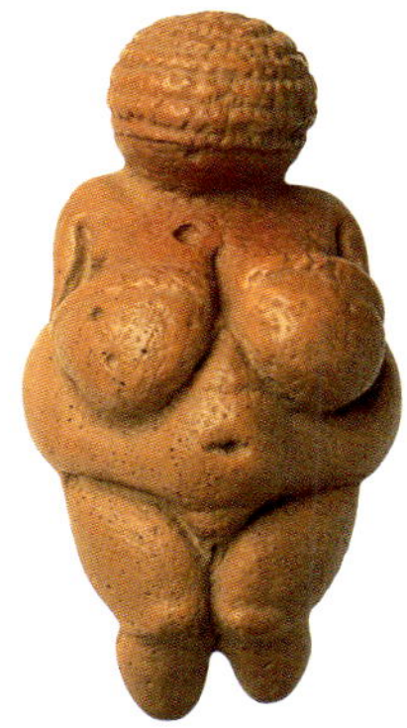

▲ **Drei Frauenstatuetten. Geschnitzte Menschendarstellungen aus dem europäischen Paläolithikum zeigen fast immer Frauen.**

keine entsprechenden Funde, obwohl zahlreiche geeignete Höhlen zur Verfügung standen. In dem kleinen Teil von England und Wales, der nicht unter Eis begraben lag, lebten möglicherweise nur so wenige Menschen, dass Höhlenmalereien weder üblich noch möglich waren. Oder aber die prähistorischen Bewohner Großbritanniens brachten ihr Leben und ihre Religion auf andere Weise zum Ausdruck, beispielsweise durch Tänze und Gesänge. Die ältesten bekannten Musikinstrumente aus Europa sind Flöten, die vor rund 36.800 Jahren entstanden.

Eine weitere nützliche Informationsquelle sind Begräbnisstätten: Sie zeigen, was damals als so wichtig galt, dass man es den Verstorbenen mit ins Grab gab, und sie beweisen auch, dass die prähistorischen Menschen an ein Leben nach dem Tod glaubten. Aus dem frühen Aurignacien kennt man nur sehr wenige Begräbnisstätten, aus der gleichen Zeit stammen aber die Gräber der Neandertaler. Möglicherweise verbrannten die ersten europäischen Jetztmenschen ihre Toten, oder sie setzten sie den Elementen aus. Aus dem späteren Paläolithikum dagegen kennt man kunstvoll angelegte Gräber wie die Mehrfach-Begräbnisstätten von Dolni Vestonice. Auf diesem ältesten Friedhof der Welt hat man insgesamt 34 Personen gefunden – von manchen nur einzelne Knochen, von anderen das vollständige Skelett. Der Ort wurde offensichtlich immer wieder für Bestattungen benutzt.

Großbritannien war aus klimatischen Gründen lange Zeit unbewohnbar, und deshalb findet man dort auch nur wenige Gräber. Am bekanntesten ist die Höhle der Red Lady of Paviland im Süden von Wales – die dort beigesetzte „Lady“

war allerdings in Wirklichkeit ein junger Mann. Bei der Bestattung wurde ein Mammutschädel auf den Leichnam gelegt. Die Knochen waren von Ocker rot gefärbt, vermutlich trug der Tote also Kleidung, die man mit diesem Farbstoff behandelt hatte. Außerdem hatte er ein schürzenartiges Kleidungsstück an, das über und über mit Schneckenhäusern besetzt war. Weiterhin hatte man ihm mehrere hundert Elfenbeinstäbchen mit ins Grab gegeben, die mit Ocker eingerieben waren und metallisch-rot glänzten. Aus solchen Stäben stellte man ver-

RINGE, REIFEN, RUNDE PERLEN

Die Europäer des Paläolithikums liebten Schmuck. Sie stellten Armbänder aus Elfenbein und Anhänger aus Knochen her. Halsketten bestanden aus Fischwirbelknochen, Polarfuchs- oder Hirschzähnen, Muschelschalen und Perlen aus Mammutelfenbein. Es gab sogar richtige „Perlenfabriken", Orte, an denen die Menschen mit viel Zeit und Mühe viele hundert Elfenbein- oder Specksteinperlen herstellten.

Tote bestattete man in Kleidern, die mit Perlen, Muschelschalen und geschnitzten Knochenstücken besetzt waren. Die Herstellung der Perlen, die man im russischen Sungir bei der Leiche eines Mannes fand, nahm nach Schätzungen 3000 Arbeitsstunden in Anspruch.

Manche Menschen waren im Paläolithikum wahrscheinlich auch tätowiert. Zum Anbringen dieses Schmucks dürften sehr feine, spitze Knochennadeln gedient haben, die man in Le Mas d'Azil in Frankreich gefunden hat. Die Nadeln stammen aus der Kultur des Azilien ganz am Ende der Eiszeit und sind demnach 9000 bis 11.000 Jahre alt.

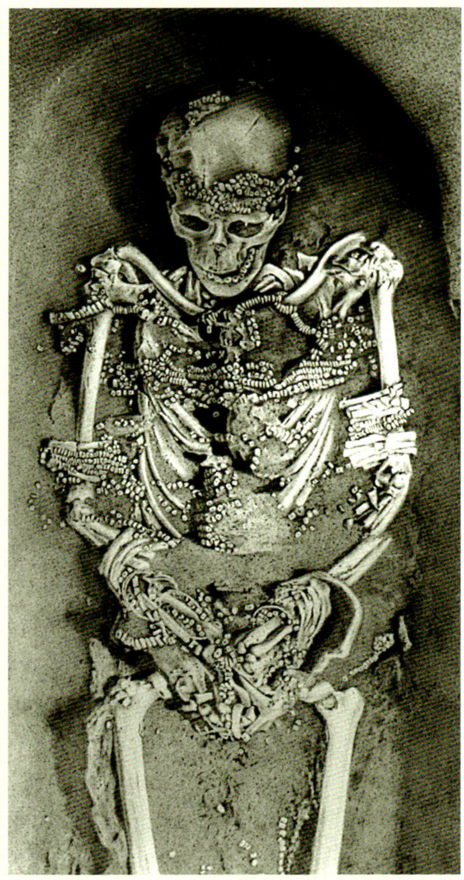

▲ **An der Kleidung dieses Mannes, der vor rund 24.000 Jahren bei Sungir in Russland bestattet wurde, waren Hunderte von Elfenbeinperlen festgenäht.**

mutlich Perlen her – ein Stück eines Mammutstoßzahns wurde zu einem Stab von geeigneter Größe geschnitzt, von dem man kleine Stücke abschnitt und zu Perlen schliff.

Zum Töten geboren

Das eiszeitliche Europa war ein Schlaraffenland. Seine riesigen Herden großer, Pflanzen fressender Tiere und die stark von Jahreszeiten geprägte Umwelt boten dem anpassungsfähigen *Homo sapiens* mit seiner hoch entwickelten Gesellschaftsstruktur großartige Möglichkeiten. Die modernen Menschen verfügten über das technische und soziale Know-how, um gemeinsam auf die Jagd zu gehen und zahlreiche Tiere auf einmal zu erlegen. Aber warum sollte man viele Tiere gleichzeitig töten? War das nicht eine verschwenderische Jagdmethode?

In unseren Augen mag ein solches Massenschlachten unlogisch erscheinen, aber für Jäger und Sammler war es wahrscheinlich eine effiziente Strategie. Wenn mehrere Jäger zusammenarbeiten, können sie die Überfülle der Tiere nutzen, die ihnen während ihrer jährlichen Wanderungen begegnen. Verfügt man über Methoden, um Nahrung beispielsweise durch Einfrieren oder Trocknen haltbar zu machen, ist es ein Vorteil, wenn man in kurzer Zeit zahlreiche Beutetiere erlegen kann. Ein Überschuss an Fleisch stellt eine Rückversicherung dar, die einem

DER AUEROCHSE

Der Auerochse (*Bos primigenius*) ist der Vorfahre der europäischen Hausrindrassen. Er lebte noch lange über das Ende der Eiszeit hinaus. Im Vergleich zu ihm sind die meisten unserer heutigen Rinder regelrechte Zwerge: der Auerochse hatte eine Schulterhöhe von bis zu zwei Metern. Die Bullen waren viel größer als die Kühe und hatten lange Hörner, die nicht seitlich gebogen waren, sondern nach vorn zeigten. Interessanterweise erkennt man an den Höhlenzeichnungen, dass männliche Auerochsen schwarz waren und manchmal auf dem Rücken einen heller gefärbten Abschnitt trugen, während Weibchen und Kälber ein rotes Fell besaßen. Als Lebensraum bevorzugten die Auerochsen Wälder oder offene Buschlandschaften, deshalb waren sie in den wärmeren Phasen der Eiszeit zahlreicher; es gab sie aber auch in den Kälteperioden.

Wie wir von antiken griechischen und römischen Schriftstellern wissen, waren die Auerochsen aggressive Tiere. Sie zu erlegen, war gefährlicher als die Jagd auf Rentiere oder Pferde.

über magere Zeiten hinweghilft. Die Neandertaler tauten vermutlich Tiere auf, die im Winter verendet waren, und verschafften sich auf diese Weise in der kalten Jahreszeit ihre Nahrung. Die Jetztmenschen gingen wahrscheinlich noch einen Schritt weiter: Sie töteten gezielt eine große Zahl von Tieren und legten sie zum Einfrieren in Gruben im Permafrostboden oder an Vorratsplätze, die sie mit Schnee bedeckten.

Darüber hinaus hat die Massentötung den Vorteil, dass man die Tiere zu einer Zeit erlegt, in der sie den höchsten Fettgehalt haben. Die Tiere der Arktis – Rentiere, Elche, Bisons, Saigaantilopen und andere – fressen im Sommer und Herbst sehr viel, sodass sie mit den angesammelten Fettreserven den Winter überleben können. Die Jäger und Sammler bevorzugten besonders fette Tiere, denn bei Fettmangel in der Ernährung kann es zu Stoffwechselstörungen kommen. Viele Fälle von scheinbarer Verschwendung lassen sich damit erklären, dass die Jäger nur die fetten Teile eines Kadavers mitnahmen und das magere Fleisch liegen ließen. Im norddeutschen Stellmoor zerlegten prähistorische Rentierjäger die fettesten Tiere, von den Mageren dagegen verwerteten sie nur die Häute. Anschließend beschwerten sie die nicht benötigten Kadaver mit Steinen und warfen sie in den See, damit sie keine Hyänen und Wölfe anlockten, die dann das wahrscheinlich in der Nähe liegende Lager überfallen hätten.

Neben dem Fett war auch die Haut ein besonders geschätzter Teil des Tieres – die Jäger brauchten sie in hoher Qualität für Kleidung und Unterkünfte. In einer Umgebung mit ausgeprägten Jahreszeiten haben die Tierfelle je nach der Zeit im Jahr unterschiedliche Eigenschaften. Im Herbst und Winter trugen die Tiere im eiszeitlichen Europa ihr dickes Winterfell. Ein solcher dickerer Pelz eignet sich besonders gut zur Herstellung von zähem, haltbarem Leder, das man zu Zelten und Schuhen verarbeiten kann. Im Frühjahr werfen die Tiere den Winterpelz ab, und die Haut wird dünner. Insbesondere neugeborene Tiere haben eine sehr dünne, zarte Haut. Wenn man weiches, biegsames Leder für Kleidungsstücke brauchte, war der Frühling die richtige Zeit, um auf die Jagd nach entsprechenden Häuten zu gehen.

Die prähistorischen Europäer waren geübte Großwildjäger. Man hat zahlreiche Spuren ihrer Jagdtätigkeit gefunden, und viele Gruppen hatten sich auf ganz bestimmte Beutetiere spezialisiert. An manchen Fundstätten in Frankreich stammen 95 bis 99 Prozent der Tierknochen von Rentieren, in anderen Gebieten wurden Rothirsche bevorzugt. Die Rentierjäger brachten als zweite Wahl auch Wisente oder Pferde mit nach Hause. Zerlegte Knochen von Steinböcken, Auerochsen, Saigaantilopen und Elchen zeigen, dass diese Tiere ebenfalls als Beute dienten. Wie sie getötet wurden, konnten die Archäologen rekonstruieren: An

AUF ZUR JAGD!

Große Raubtiere haben es meist auf leichter zu erlegende sehr junge, sehr alte oder geschwächte Beute abgesehen. Wenn sie ein Tier in der Blütezeit seines Lebens töten, dann meist deshalb, weil es entweder unaufmerksam war oder Pech hatte. Anders die Menschen: Sie haben sich darauf spezialisiert, Tiere in ihren besten Jahren zu jagen. Die einzigen anderen Fleischfresser, die das regelmäßig tun, sind die Löwen, die sich damit wie die Menschen besonders viel nahrhaftes Fett verschaffen.

Vielleicht brauchte der Jäger auch ein dickes Tierfell als Material für ein Zelt, ein Geweih zur Herstellung von Werkzeugen oder eine bestimmte Fellfarbe für religiöse oder künstlerische Zwecke. Die Menschen steckten eine Menge Planung und Geschicklichkeit in ihre Jagdausflüge – sie wussten zum Beispiel, zu welcher Jahreszeit bestimmte Tiere am besten zu erlegen waren. Deshalb hatte *Homo sapiens* ganz andere Auswirkungen auf den Tierbestand als die übrigen Raubtiere.

▲ **Rekonstruktion eines Zeltes mit einem Gerüst aus Mammutstoßzähnen. Das Gestell wurde mit Tierhäuten oder Gras verkleidet.**

Lage und Winkel der Feuersteinspitzen, die in Rentierknochen aus dem Stellmoor steckten, konnte man erkennen, dass die Tiere von hinten mit einem Speer erstochen wurden, als sie durch einen See schwammen.

Griffen diese Jäger auch die größten Tiere Europas an, die Wollhaarnashörner und Wollhaarmammuts? An einigen Neandertaler-Ausgrabungsstätten hat man zerlegte Kadaver von Wollhaarnashörnern gefunden, aber es gibt keine Anhaltspunkte, dass auch *Homo sapiens* Jagd auf diese Tiere machte. Die Jetztmenschen stellten das Wollhaarnashorn in ihren Bildern dar, man kann also annehmen, dass sie sein Horn zu schätzen wussten. Aber das Horn eines Nashorns zerfällt nach dem Vergraben sehr schnell – es besteht aus Keratin, dem gleichen Material, aus dem auch unsere Fingernägel aufgebaut sind –, und deshalb sind Gegenstände aus dieser Substanz, die der prähistorische *Homo sapiens* möglicherweise herstellte, schon lange nicht mehr vorhanden. Nur ein Nashornskelett mit

DER RIESENHIRSCH

Der Riesenhirsch (*Megaloceros giganteus*) wird auch „Irischer Elch" genannt. Er ist aber kein Elch, sondern ein Verwandter der Damhirsche. Sein Verbreitungsgebiet reichte quer durch Europa und Asien von Irland über Sibirien bis nach China, und auch in Nordafrika war er zu Hause. Im äußersten Süden Europas dagegen kam er wie das Wollhaarnashorn nicht vor.

Den Namen „Riesenhirsch" verdankt er seinen Ausmaßen: Er wog rund 315 bis 450 Kilogramm und hatte eine Schulterhöhe von 2,10 Metern. Damit war er so groß wie ein Elch, aber etwas leichter gebaut. Als Irischer Elch wurde er bezeichnet, weil man seine Knochen vor allem in irischen Torfmooren gefunden hat. Die Überreste von Riesenhirschen stellen in Irland die Mehrzahl aller fossilen Säugetierfunde: Allein im Ballybetagh Bog bei Dublin hat man über 100 Individuen geborgen.

Am berühmtesten ist der Riesenhirsch wegen seines gewaltigen Geweihs. Es war breit und flach wie bei einem Elch, und wie bei den meisten Hirschen waren nur die Männchen damit ausgestattet. Mit der Größe des Geweihs stellte der Riesenhirsch aber jeden Elch in den Schatten: Es hatte eine Spannweite von bis zu 4,30 Metern und wog etwa 45 Kilogramm. Bei der Untersuchung solcher Geweihe stellte sich heraus, dass sie zum Kampf verstärkt waren. Manche Spitzen waren so ausgerichtet, dass sie im Konflikt mit Konkurrenten die Augen schützten. Auf Zeichnungen, beispielsweise in der französischen Höhle von Cougnac, ist der Riesenhirsch an einem charakteristischen Schulterhöcker zu erkennen – dieses Knochen- und Muskelpaket war notwendig, um den schweren Kopf und den Hals aufrecht zu halten. Mit seinem gleichmäßigen, langbeinigen Gang nach Art der Elche erreichte der Riesenhirsch eine Geschwindigkeit von bis zu 56 Stundenkilometern und konnte damit Verfolger in die Erschöpfung treiben, ohne selbst zu ermüden.

▲ **Der langbeinige, schnellfüßige Riesenhirsch konnte wahrscheinlich sogar Langstreckenläufern wie dem Wolf entkommen.**

fest steckenden Geschossspitzen würde beweisen, dass die heutigen Nashornwilderer ihre ersten Vorgänger bereits in der Eiszeit hatten.

Mammuts dagegen wurden eindeutig gejagt. Allerdings dürften sie aufgrund ihrer Größe und Gefährlichkeit nicht besonders häufig auf dem Speisezettel gestanden haben. Mammutelfenbein diente vielfach als Material für Gravuren und Perlen, doch man kennt nur wenige Orte, an denen die Riesen getötet wurden – und aus einem Mammutstoßzahn von 45 Kilogramm kann man eine Menge Perlen herstellen. Am wichtigsten waren die Mammuts für die Bevölkerung in Osteuropa und der Ukraine, wo man aus ihren Knochen unter anderem Hütten und Unterstände herstellte. Die Knochen stammten wahrscheinlich nicht nur von getöteten Exemplaren, sondern auch von den Skeletten der Tiere, die sich in der Nähe von Salzvorkommen angesammelt hatten. Sie weisen meist keine Werkzeugspuren auf; die meisten Mammuts kamen also wahrscheinlich auf natürliche Weise ums Leben, und ihre Knochen wurden erst später eingesammelt.

Mit Sicherheit jagten die Menschen im Paläolithikum auch den kleinen europäischen Braunbären, aber für die Jagd auf Höhlenbären gibt es nur wenige Anhaltspunkte. Bei einigen Funden dieser Tiere schien der Schädel zunächst durch Speere geschädigt zu sein, aber später stellte sich heraus, dass es sich nicht um Verletzungen durch Jäger handelte, sondern um eine Knochenkrankheit. Vielleicht waren die Höhlenbären den eiszeitlichen Jägern zu groß und gefährlich.

Doch *Homo sapiens* jagte nicht nur große Tiere. Auch kleine Säugetiere und Vögel waren ein wichtiger Nahrungsbestandteil. Verschiedene Hasenarten wie Feld- und Schneehasen, Dachse, Rauhfußhühner, Alpenschneehühner, Enten, Gänse und Schwäne wurden erlegt und verzehrt. Biber, Otter, Wiesel, Rot- und Eisfüchse wurden wegen ihrer Pelze gejagt, und auch auf Raubvögel hatten die Jäger es abgesehen, vermutlich wegen der Federn. Solche kleineren Tiere fing man meist mit Fallen, Schlingen oder Netzen. Dass die Menschen schon vor 29.000 bis 22.000 Jahren Netze knüpften, erkennt man an Abdrücken von geknoteten Fasern, die sich im Ton einer prähistorischen Siedlung in Tschechien erhalten haben. Der Tierfang mit Netzen war Gemeinschaftsarbeit: Männer, Frauen und Kinder trieben die Tiere gemeinsam vor sich her, und eine gut organisierte Netzjagd konnte ohne weiteres ebenso viel Nahrung liefern wie die Großwildjagd – mit einer wesentlich geringeren Verletzungsgefahr.

Wild, brutal und ... hm ... langlebig?

In Europa wurden mehr Skelette gefunden und untersucht als in jeder anderen Region, und deshalb können wir aus den Befunden auch Rückschlüsse über Gesundheitszustand und Lebensdauer der prähistorischen Menschen ziehen. An den Knochen sind die verschiedensten Unfallverletzungen zu erkennen: Beulen am Kopf, gebrochene Arme und so weiter. Doch es gibt keine Anhaltspunkte, dass die Knochenbrüche gewaltsam verursacht wurden. Zu den meisten Verletzungen kam es wahrscheinlich durch Jagdunfälle.

Interessanterweise sind sie bei Männern und Frauen gleich häufig, offensichtlich beteiligten sich also beide Geschlechter an der Jagd. Brüche des gleichen Typs findet man auch bei den Neandertalern, aber hier kommen sie viel häufiger vor. In ihrer Welt hatte praktisch jeder mit 30 Jahren bereits mindestens einmal einen Knochenbruch erlitten. Beim *Homo sapiens* liegt die Rate erheblich niedriger: Nur zehn bis 20 Prozent der Individuen hatten einen entsprechenden Unfall. Offensichtlich waren die europäischen Jetztmenschen bei der Jagd vorsichtiger oder klüger – vielleicht ein Beleg, welche Vorteile Waffen wie die Speerschleuder (siehe Kapitel 4) boten.

Bei aller Vorsicht gab es aber eine Form von Knochenbrüchen, die eine Katastrophe bedeutete. Bisher hat man noch an keiner Begräbnisstätte aus dem Paläolithikum ein Skelett mit einer so schweren Beinverletzung gefunden, dass der Betreffende nicht mehr gehen konnte. Die Menschen waren Nomaden, und jedes Gruppenmitglied musste in der Lage sein, lange Strecken zurückzulegen. Wer nicht mithalten konnte, wurde wahrscheinlich ausgestoßen.

Die mobile Lebensweise hatte noch einen weiteren Nachteil: An den Händen einiger Skelette erkennt man Anzeichen von Arthritis, die durch das Tragen oder Ziehen von Gegenständen entstanden ist. Entweder trug der Mensch hin und wieder eine schwere Last, oder er zog mit den Händen ständig eine leichtere Ladung. Das Leiden könnte entstanden sein, weil ein einfacher Schlitten oder ein Fell mit einer Ladung aus Nahrungsmitteln und Habseligkeiten mitgeschleppt wurde.

Das Alter eines Skeletts lässt sich zwar nur schwer genau bestimmen (die Alterung eines Menschen hängt nicht nur von der Abnutzung, sondern auch von genetischen Faktoren ab), aber immerhin wissen wir, dass es unter den ersten Jetztmenschen mehr ältere Männer und Frauen gab als bei den Neandertalern. In deren Bevölkerung fehlten betagte Individuen fast völlig, beim *Homo sapiens* gab es sie in großer Zahl. Alter war kein Nachteil mehr, sondern eine wichtige Ressource.

Das Ende der Eiszeit

Vor 13.000 Jahren wurde das Klima in Europa milder, sodass die Wälder von Süden her vordringen konnten. Aber diese Wärmeperiode war anders als frühere: Sie endete nicht mit der Wiederkehr der Kälte, sondern es kam vor 10.500 Jahren zu einer tief greifenden Veränderung, die zu unserem heutigen Klima führte. Die Eiszeit war zu Ende.

In England wandelte sich das Klima in nur 25 bis 50 Jahren von arktischen zu warm-gemäßigten Temperaturen. Nach diesem plötzlichen Klimawechsel breiteten die Wälder sich noch schneller aus und eroberten den Norden. Die Pflanzenwelt der Tundra folgte der Kälte und zog sich ebenfalls nach Norden zurück. Die Steppengräser dagegen konnten in der kurzen jährlichen Wachstumsphase und dem harten arktischen Winter nicht gedeihen, deshalb verschob sich

JÄGER UND METZGERIN

Die Jagd auf Großtiere wie das Mammut dürfte die prähistorische Gesellschaft tief greifend geprägt haben. In den Kulturen der Jäger und Sammler jagen die Männer traditionell das Großwild, während die Frauen Pflanzen sammeln und Jagd auf kleinere Tiere machen. Welche Auswirkungen hatte es auf die traditionellen Rollen von Mann und Frau, wenn die wahrhaft riesigen Tiere tatsächlich gejagt wurden?

Einerseits gingen die Männer wesentlich seltener auf die Jagd, denn ein großes erlegtes Tier lieferte ebenso viel Nahrung wie mehrere kleine. Deshalb hatten die Männer mehr Freizeit und konnten sich stärker um Kinderversorgung sowie die Herstellung von Werkzeugen und anderen Gegenständen kümmern oder einfach zusammensitzen und schwatzen. Andererseits könnte man sich auch vorstellen, dass die Männer öfter auf die Jagd gingen und so stärker zur Nahrungsversorgung der ganzen Gemeinschaft beitrugen.

In heutigen Gruppen der Jäger und Sammler jedoch führt eine große Zahl erlegter Tiere (beispielsweise wenn die Eskimo in Grönland wandernde Karibus erlegen) nicht dazu, dass die Frauen mehr Freizeit haben. Vielmehr sind dann Aufgaben wie das Häuten und Zerlegen der Beute, die Haltbarmachung des Fleisches und das Gerben der Häute fast ausschließlich Frauensache.

◄ **Eine Harpune aus dem eiszeitlichen Europa. Sie wurde zum Fischen verwendet.**

▲ Als das Klima wärmer wurde, verdrängten die wachsenden Wälder viele Großtiere nach Osten in die Steppen Asiens, wo manche von ihnen bis heute überlebt haben.

ihr Verbreitungsgebiet nicht so weit. Jetzt wuchsen Steppen- und Tundrapflanzen nicht mehr nebeneinander: Der einzigartige Lebensraum der Tundrasteppe hörte auf zu existieren.

Pflanzen, Klima und Schicksal

Mit dem Ende der Tundrasteppe standen die Tiere, die im eiszeitlichen Europa in so großer Zahl gelebt hatten, einer unsicheren Zukunft gegenüber. Wenn sie mit dem wärmeren Wetter nicht zurechtkamen, mussten sie der Tundra nach Norden folgen – so wie Moschusochse und Wollhaarmammut. Da die Sonnenstrahlung in der Arktis schwächer ist und die Sommer kürzer sind als in niedrigeren Breiten, ist auch das Pflanzenwachstum geringer, sodass eine Region weniger Tiere ernähren kann. Während die riesigen Tierherden Mittel- und Südeuropas

VERSCHWUNDEN

Die Großtiere Europas verschwanden nicht über Nacht. Manche Arten kämpften schon ums Überleben, bevor *Homo sapiens* den Kontinent besiedelte. Die ersten Opfer waren Tiere, die milderes Klima bevorzugt hatten. Das vordringende Eis zwang sie, in den wärmsten Regionen Europas südlich von Alpen und Pyrenäen Zuflucht zu suchen.

Elefanten, Flusspferde und Spitzmaulnashörner wurden vor rund 72.000 Jahren aus den nördlichen Klimazonen vertrieben, sodass Regionen wie die Iberische Halbinsel schließlich ihre letzte Bastion bildeten.

Das Flusspferd starb in Europa wahrscheinlich einige tausend Jahre vor der Besiedelung durch Jetztmenschen aus. Die letzten Elefanten mit geraden Stoßzähnen verschwanden vor 30.000 Jahren aus dem heutigen Portugal, und 5000 bis 10.000 Jahre später ging es auch mit dem Spitzmaulnashorn in Europa zu Ende.

Zwischen dem Höhepunkt der Eiszeit vor 18.000 Jahren und ihrem Ende vor 10.000 Jahren verschwanden weitere Arten. In dieser Zeit gingen auch kältegewohnte Tiere wie Mammut, Steppenwisent, der Europäische Tahr (eine Art Bergziege), Höhlenbär und Wollhaarnashorn zu Grunde. Der Riesenhirsch dagegen überlebte das Ende der Eiszeit – einige Skelette, die auf der Isle of Man gefunden wurden, sind nur 9200 Jahre alt.

Andere, so die Tüpfelhyäne, der Moschusochse und die Saigaantilope, verließen Europa, überlebten aber in anderen Gebieten.

Das letzte Rückzugsgebiet für die Megafauna des Pleistozäns war offenbar die Taimyr-Halbinsel am Nordrand Sibiriens. Dort gab es das Wollhaarmammut noch vor 10.000 Jahren, Wildpferde existierten sogar noch einige Jahrtausende später. Und die Moschusochsen, das erkennt man an Knochenfunden, hielten hier bis vor rund 2900 Jahren durch.

sich nach Norden zurückzogen, schrumpften sie. Zwischen den Überlebenden herrschte harte Konkurrenz. Am Ende wurden wahrscheinlich manche Arten von ihren Rivalen völlig verdrängt und starben aus.

Das gleiche Schicksal ereilte in abgewandelter Form auch jene, die der Kälte nicht in den Norden, sondern ins Gebirge folgten. Je höher die Tier- und Pflanzenwelt vordrang, desto weniger Fläche stand ihr zum Leben zur Verfügung. Der Höhlenbär zog sich in größere Höhen zurück, als die Gletscher schmolzen, weil er dort die niedrigeren Temperaturen und die Gebirgspflanzen vorfand, die er

GRÖSSE SPIELT DOCH EINE ROLLE

Bei kaltem Klima ist eine beträchtliche Größe für Tiere ein Vorteil. Ein großes Tier hat im Verhältnis zum Körpergewicht eine kleine Oberfläche und gibt Wärme entsprechend langsamer ab. Deshalb leiden Babys beispielsweise schneller an Unterkühlung als Erwachsene. Um der Kälte zu trotzen, waren viele eiszeitliche Tiere in Europa – Löwen, Hyänen, Bären und Rothirsche – viel größer als ihre heutigen Verwandten in gemäßigten und tropischen Klimazonen.

Groß zu sein hat aber auch Nachteile: Man braucht mehr Nahrung als kleinere Tiere. Solange man in der üppigen Tundrasteppe Mitteleuropas lebt, spielt das keine Rolle, aber wie sieht es aus, wenn man am Ende der Eiszeit in die arktische Tundra ausweichen muss? Soll das Tier groß bleiben, um die Kälte besser zu ertragen, oder kleiner werden, um mit weniger Futter auszukommen? Das europäische Wollhaarmammut schlug den zweiten Weg ein. Als das Verbreitungsgebiet der Art schrumpfte und der Bestand zurückging, wurden die Mammuts kleiner. Auf der Wrangelinsel in Sibirien, der letzten Bastion der Wollhaarmammuts, gab es eine Zwergform mit nur 1,80 Metern Schulterhöhe. Vor etwas über 4000 Jahren starben die Mammuts auch auf der Wrangelinsel endgültig aus.

▼ **Auf der Taimyr-Halbinsel in Sibirien überlebten die Wollhaarmammuts bis vor rund 10.000 Jahren, auf der Wrangelinsel noch einige tausend Jahre länger.**

zum Leben brauchte. Dieser Rückzug dürfte in Verbindung mit der Konkurrenz der Braunbären zu seinem Untergang geführt haben. Vor 10.000 Jahren war der Höhlenbär ausgestorben.

Die Tiere, die auf die Steppen mit ihrem stärkeren Pflanzenwuchs angewiesen waren, erlitten ein anderes Schicksal: Sie waren entweder in den allmählich schrumpfenden Graslandschaften Europas gefangen, bis die Bäume sie eroberten, oder sie mussten sich nach Osten in die asiatischen Steppen zurückziehen. So erging es den europäischen Wildpferden. Der Tarpan lebte noch bis zum Ende des 19. Jahrhunderts in den Steppen der Ukraine, und das Przewalski-Pferd wurde bis in die Mongolei abgedrängt.

Eine vierte Strategie stand möglicherweise jenen Tieren zur Verfügung, die sich sowohl an ein warmes, feuchteres Klima als auch an die zugehörigen Wälder anpassen konnten: Sie blieben, wo sie waren. Den Auerochsen, Wölfen, Braunbären und Rothirschen, die schon immer Regionen mit einem gewissen Baumbestand bevorzugt hatten, gelang die Umstellung auf das Leben im Wald. Zu ihnen stießen Tiere, die mit den Bäumen nach Norden wanderten, wie das europäische Reh, der Wisent und das Wildschwein.

Blut an den Händen?

Hatten die Menschen beim Aussterben der Arten die Hände im Spiel? Nach Ansicht mancher Fachleute waren prähistorische Jäger für das Verschwinden von Tieren in Europa verantwortlich. Auf den ersten Blick erscheint das nicht plausibel: Die Arten, auf die am häufigsten Jagd gemacht wurde – Rentiere und Rothirsche –, überlebten das Ende der Eiszeit, während andere, bei denen es kaum Belege für eine Jagd gibt – beispielsweise Mammut und Höhlenbären –, verschwanden.

Im Falle des Riesenhirsches waren die Menschen wahrscheinlich nicht schuld. Er war in Irland gegen Ende der Eiszeit weit verbreitet, starb aber ungefähr vor 10.700 Jahren aus. Erst 1600 Jahre nach seinem Verschwinden wurde Irland von Menschen besiedelt, sie können also kaum für seinen Untergang verantwortlich sein.

Oft ist es schwierig, Ursache und Wirkung auseinander zu halten. Eine Methode, um begründete Vermutungen über die wahren Abläufe anzustellen, sind

▶ Den Wölfen gelang die Anpassung an das wärmere Klima. Als die Wälder sich nach Ende der Eiszeit in Europa ausbreiteten, konnten sie sich nicht nur ansiedeln, sondern auch vermehren.

WAR DER STOFFWECHSEL SCHULD?

Einer verbreiteten Vorstellung zufolge starben die Riesenhirsche aus, weil das alljährliche Abwerfen des Geweihs mit anschließendem Nachwachsen zu große Anforderungen an den Stoffwechsel stellte. Nach dieser Theorie verschwendete der männliche Riesenhirsch zu viel Energie auf sein riesiges Geweih, und die ganze Art ging zu Grunde, weil für das regelmäßige Wachstum des Kopfschmucks nicht genügend Nahrung zur Verfügung stand. Dabei vergisst man aber, dass die Weibchen vieler großer Säugetiere jedes Jahr ein Junges heranwachsen lassen, zur Welt bringen und säugen, ohne dass ihr Stoffwechsel dadurch in den Ruin getrieben würde. Rentierweibchen schaffen es sogar, sich außerdem ein Geweih zuzulegen.

Stünde den riesigen Hirschmännchen nicht genug Nahrung für das Geweih zur Verfügung, würde sie sicher auch nicht für eine Trächtigkeit der Kühe und anschließende Säugezeit ausreichen. Und ohne Nachwuchs würde die Art noch viel schneller aussterben als ohne Geweih. Schon lange bevor das Geweih für die größten Männchen zur Gefahr wurde, dürfte die natürliche Selektion diejenigen Weibchen begünstigt haben, die kleinere Kälber zur Welt brachten oder bei denen Schwangerschaft oder Stillzeit kürzer waren. Dies hätte insgesamt zu einer geringeren Größe (inklusive Geweih) der Hirsche geführt.

War es wirklich so? Gegen Ende der Eiszeit beobachtet man bei den Hirschen eine Abnahme der Körpergröße. In Irland waren die männlichen Riesenhirsche zur Zeit des Aussterbens kleiner als in früheren Zeiten.

Die heutigen britischen Rothirschmännchen sind mit 56 bis 255 Kilogramm um 200 bis 400 Kilogramm leichter als ihre eiszeitlichen Verwandten. Anscheinend gelang dem Rothirsch also das Kleinerwerden, während der Riesenhirsch scheiterte.

▲ **Den Rentieren wächst im Frühjahr ein neues Geweih. Den empfindlichen Bast scheuern sie im Herbst kurz vor der Brunftzeit ab.**

▲ Rentiere überqueren auf ihren Wanderungen zahlreiche Flüsse und Fjorde. An solchen Stellen können Jäger sie gut aus dem Hinterhalt erlegen. Das erkannten auch die Menschen der Eiszeit.

Computersimulationen. Professor Stephen Mithen von der Universität Reading untersuchte in einer mathematischen Analyse, wie Mammuts möglicherweise auf die jagenden Menschen reagierten. Nach seinen Feststellungen war eine nachhaltige Mammutjagd möglich, wenn die Menschen jedes Jahr höchstens zwei Prozent des Bestandes erlegten. Nach Mithens Vermutung wurde die Jagd von den Völkern Nordeuropas und der Ukraine in diesem Umfang betrieben, sodass sie ihre Lebensweise über Jahrtausende hinweg beibehalten konnten. Computersimulationen der Klimaveränderung sagen ebenfalls einen Rückgang in der Zahl der Mammuts voraus, aber auch er reicht nicht aus, damit die Art ausstarb. Aus den Fossilfunden erkennt man eine ganze Reihe solcher klimabedingter Populationsrückgänge.

Zum Zusammenbruch kommt es erst dann, wenn sich Klimaveränderungen und die zwei Prozent gejagter Tiere summieren: In diesem Fall sinkt die Zahl der

DIE JAGD GEHT WEITER

Anders als für die europäische Eiszeit gibt es für die Jahrtausende nach dem Abschmelzen der Eiskappen zahlreiche Indizien dafür, dass Arten von Jägern ausgerottet wurden. Auf Zypern und anderen Mittelmeerinseln hatten sich Zwergformen des Elefanten und des Flusspferdes entwickelt. Diese Tiere überlebten das Aussterben ihrer Vettern auf dem Festland, gingen aber zu Grunde, als die Inseln vor 8000 bis 9000 Jahren von Menschen besiedelt wurden. Die Löwen starben in West- und Nordeuropa am Ende der Eiszeit aus, wir wissen aber, dass es sie auf dem Balkan und in Griechenland noch in der klassischen Antike gab, denn die alten Griechen berichteten über Löwenjagden. Da die Löwen so intensiv bejagt wurden, verschwanden sie schließlich völlig aus Europa. Die Auerochsen passten sich gut an das Leben in den Wäldern an, aber die Menschen stellten ihnen weiterhin nach, und in Großbritannien waren sie schon in der Bronzezeit ausgestorben. Der letzte europäische Auerochse wurde 1627 in Polen erlegt.

Mammuts gefährlich weit ab. Eine solche drastisch geschrumpfte Population kann durch die verschiedensten Ursachen sehr leicht aussterben – durch weitere Klimaverschiebungen, verstärkte Jagd, regional begrenzte Krankheitsepidemien, Nahrungsknappheit oder schlichtes Pech. Wenn eine Tierpopulation dahinschwindet und sich in kleine Gruppen aufteilt, kann sie letztlich schon durch statistische Zufälle ausgelöscht werden. So können beispielsweise empfindliche Jungtiere in einer einzigen Schlechtwetterphase sterben.

Welchen Anteil der Tierbestände die Europäer im oberen Paläolithikum wirklich erlegten, wissen wir nicht, aber die geringe Zahl der zerlegten Mammutknochen deutet darauf hin, dass es weniger als zwei Prozent waren. Ebenso ist nicht genau bekannt, wie sich Nahrungsknappheit und die Konkurrenz mit anderen Tieren auswirkten, als die Mammutherden nach Norden in die weniger fruchtbare arktische Tundra zogen. Nur eines ist klar: Durch das Zusammenwirken mehrerer Faktoren wurde nicht nur das Mammut ausgelöscht, sondern auch das Wollhaarnashorn, der Riesenhirsch, der Steppenwisent, der Europäische Tahr und der Höhlenbär, und andere wie der Moschusochse wurden völlig aus Europa vertrieben.

▲ Führte das Verschwinden der Tundrasteppen-Graslandschaft dazu, dass Großtiere wie das Wollhaarnashorn ausstarben? Das letzte Tier dieser Art starb vor rund 12.500 Jahren.

Neuland

Mit seinen komplizierten Sozialstrukturen, seiner vielseitigen Lebensweise und technischen Neuerungen hatte *Homo sapiens* nun die offenen Flächen der eurasischen Tundrasteppe erobert. Dabei hatte er bei Klimaverschlechterungen gelegentlich Rückschläge erlebt, aber jede neue Gelegenheit, sich weiter auszubreiten, eilig genutzt. Da ist es kein Wunder, dass er vor 20.000 Jahren bis zur Ostspitze Sibiriens vorgedrungen war. Von dort war es nur noch ein kleiner Schritt in die Neue Welt.

4

DIE NEUE WELT

Vor 13.000 Jahren

Über 12.000 Jahre bevor Christoph Columbus in der Neuen Welt an Land ging, entdeckten und besiedelten die Vorfahren der heutigen Indianer den gesamten amerikanischen Kontinent. Diese Eroberung war die größte Landnahme, seit unsere Art aus Afrika ausgewandert war. Was geschah, als die Menschen mit den Ungeheuern Amerikas zusammentrafen?

◀ Die ersten Amerikaner begegneten mehr Bärenarten als die Bewohner jeder anderen Region der Erde. Die größte Bärenart wog zwei Drittel mehr als dieser Grizzly.

Wenn Welten aufeinander prallen

Es lohnt sich, kurz die Entstehungsgeschichte der Neuen Welt zu betrachten: Landschaft und Tiere, die den ersten Entdeckern begegneten, waren durch uralte Vorgänge entstanden, die Amerika bis heute prägen. Wenn wir über drei wichtige Ereignisse Bescheid wissen, verstehen wir besser, was für eine Welt die vorzeitlichen Pioniere entdeckten und warum die Neue Welt heute so und nicht anders aussieht.

Zusammentreffen von Ost- und Westküste

Das heutige Nordamerika entstand in seiner grundsätzlichen Form erst am Ende des Dinosaurierzeitalters. Damals zog das Meer sich zurück, und durch die Verbindung zweier Inseln bildete sich der Kontinent. Die östliche Insel erstreckte sich von Grönland bis nach Florida; ihr Rückgrat war das alte, verwitterte Gebirge der Appalachen.

Auf der westlichen, die von Alaska bis in den Nordwesten Mexikos reichte, dominierte eine jüngere, geologisch aktive Kette zerklüfteter Vulkane, die Rocky Mountains. Dazwischen, im Gebiet der heutigen großen Ebenen des Mittelwestens, lag ein flaches Meer. Die Tatsache, dass Nordamerika ursprünglich aus zwei Inseln bestand, ist auch die Erklärung für die großen Unterschiede, die noch heute in der Tier- und Pflanzenwelt des Ostens und Westens existieren.

Vor 65 Millionen Jahren schlug am Südrand des Meeres, das den Osten und Westen Nordamerikas trennte, ein riesiger Asteroid ein. Mit zehn Kilometern Durchmesser und einer Geschwindigkeit von 90.000 Stundenkilometern erzeugte er eine so gewaltige Detonation, dass das Leben auf der Erde zum Teil ausgelöscht wurde. Der K-T-Asteroid, so die wissenschaftliche Bezeichnung (wobei K für Kreide und T für Tertiär steht), machte den letzten Dinosauriern möglicherweise den Garaus und eröffnete damit den Säugetieren und Vögeln neue Perspektiven. Hatten die größten Säugetiere zuvor maximal die Ausmaße einer Hauskatze (die meisten waren nur mäuse- bis rattengroß), so konnten sie nun, nach dem Ende der Dinosaurier, zu gewaltiger Größe heranwachsen. Außerdem ließ der Einschlag auch die einzigartige Pflanzenwelt Nordamerikas mit ihren Laub- und Nadelwäldern entstehen; sie ging aus überlebenden Arten hervor, die in den arktischen Regionen Schutz gefunden hatten.

Vor etwa 60 Millionen Jahren hoben Kräfte aus der tieferen Erdkruste die westliche Insel in die Höhe, sodass das Meer über den großen Ebenen austrocknete. Jetzt vereinigten sich der östliche und westliche Teil zu einer einzigen Landmasse, die wir Nordamerika nennen. Die einzigen Verbindungen des jungen Kontinents zur Außenwelt waren zeitweilig existierende Landbrücken nach Asien und über Grönland nach Europa.

Vor ungefähr 34 Millionen Jahren breiteten sich die Gräser aus, die bald darauf die großen Ebenen bedeckten. Das wiederum führte dazu, dass neue Säugetierarten entstanden: Wiederkäuer (z. B. Rinder, Schafe, Hirsche und Ziegen), Pferde und Kamele. Sie alle verbreiteten sich später auch in Eurasien. Tiere, die in Nordamerika zurückblieben, wurden schließlich von mehreren Wellen eurasischer Einwanderer überrollt, so von Bären, Elefanten und Bisons, die sich zu vielen neuen Formen weiterentwickelten. Aber auch sie wurden später von noch jüngeren Tieren aus Eurasien verdrängt.

Südamerika, das sich einige Jahrmillionen zuvor von dem alten Superkontinent Gondwana getrennt hatte, war isoliert über die Erdoberfläche gedriftet. Vor 2,8 Millionen Jahren stieß es schließlich mit Nordamerika zusammen, und die Landbrücke von Panama entstand. Tropische Meeresströmungen, die zuvor zwischen Atlantik und Pazifik geflossen waren, wurden nun entlang der nordamerikanischen Ostküste in nördlicher Richtung abgelenkt, was dort zu mehr Niederschlägen führte und wahrscheinlich zur Entstehung einer arktischen Eiskappe beitrug.

Zur gleichen Zeit wanderten nordamerikanische Arten wie Waschbären, Mäuse, Stinktiere, Nabelschweine, Pferde, Hunde, Katzen, Kamele und Hirsche nach Südamerika ein, und umgekehrt verbreiteten sich südamerikanische Tiere wie Bodenfaultiere, Stachelschweine, Glyptodonten, Wasserschweine und Terror-Vögel im Rahmen eines großen Artenaustausches nach Norden. Die einzigartige Tierwelt, der die prähistorischen Pioniere später begegnen sollten, nahm Gestalt an.

Invasion des Eises

Vor rund 2,4 Millionen Jahren begann die eigentliche Eiszeit. In der Frage, was sie auslöste, sind sich die Paläoklimatologen nicht einig: Genannt wurden eine periodische Verschiebung der Erdumlaufbahn, ein „Wackeln" der Erdachse, ein

Wechsel in der Lage der Kontinente und damit auch der Meeresströmungen, ein Wechsel in der Zusammensetzung der Atmosphäre und Schwankungen der Sonneneinstrahlung. Die genauen Ursachen kennen wir nicht.

Eiszeiten kommen und gehen in einem regelmäßigen Zyklus, wobei zwischen den Höhepunkten mit maximaler Vereisung immer wieder wärmere Zwischeneiszeiten auftreten. Mitten in einer solchen Zwischeneiszeit befinden wir uns auch heute. In den letzten 2,4 Millionen Jahren erlebte die Erde mindestens 17-mal den Wechsel zwischen Vorrücken und Rückzug des Eises, und in einigen Fällen spielte er sich sogar in der kurzen Zeit eines einzigen Menschenlebens ab. Die letzte Vereisung erreichte vor etwa 22.500 Jahren ihr Maximum, und vor 18.000 Jahren trat das Eis den Rückzug an.

Auf dem Höhepunkt waren 80 Millionen Kubikkilometer Meerwasser in den Gletschern und Eiskappen der Erde gebunden, sodass der Meeresspiegel stark absank. Das Beringmeer zwischen Nordamerika und Asien wurde zu der trockenen Bering-Landbrücke. Kanada und Grönland waren unter einer Eisschicht begraben, die um 46 Prozent größer war als die heutige Antarktis. Von diesem Eis sind

▲ Die Rocky Mountains waren früher im Norden mit bis zu 2400 Meter dickem Eis bedeckt. Heute ist es fast völlig abgetaut. Noch vor kurzem lag dieser Gebirgszug tief darunter begraben.

in Nordamerika nur noch 0,4 Prozent übrig – ein deutliches Zeichen, wie warm es heute ist.

Die Eiskappe über Nordamerika bestand eigentlich aus zwei Teilen: Der größere lag bis zu 3000 Meter dick über Grönland und dem heutigen Osten Kanadas bis zu den Rocky Mountains, ein kleinerer bedeckte im Westen in ähnlicher Höhe British Columbia und den Süden Alaskas. In manchen Gebieten jedoch, beispielsweise in Beringia (der Region um die Bering-Landbrücke) und am Yukon, fiel im trockenen Klima so wenig Schnee, dass sie eisfrei blieben.

Vor rund 15.000 Jahren, in einer wärmeren Zwischeneiszeit, wurde östlich der Rocky Mountains ein eisfreier Korridor freigelegt, und auch an der Pazifikküste gab es Gebiete ohne Eis. Beide sollten wenig später zu Wegen in die Neue Welt werden.

Die ersten Amerikaner

Wie Jared Diamond nicht ohne Ironie feststellt, erinnern in den Vereinigten Staaten zwei Feiertage (Columbus Day und Thanksgiving Day) an die Ankunft der ersten Europäer, aber kein einziger ist der viel früheren und spektakuläreren Entdeckung Amerikas durch seine eigenen Ureinwohner gewidmet.

Amerikanischen Studenten könnte man es noch nachsehen, dass sie glauben, die Geschichte der Neuen Welt habe erst mit Christoph Columbus begonnen (und wahrscheinlich wären sie schockiert über die Erkenntnis, dass er noch nicht einmal die Vereinigten Staaten kennen lernte). Außergewöhnlich gute Studenten würden sich vielleicht noch zu der Aussage hinreißen lassen, dass baskische Walfänger und Wikinger ein paar hundert Jahre vor Columbus in der Neuen Welt landeten, aber wer die amerikanischen Ureinwohner, die Columbus um Jahrtausende zuvorkamen, als Entdecker, Pioniere oder Siedler bezeichnet, würde wahrscheinlich nur verwundertes Kopfschütteln ernten.

Aus irgendwelchen Gründen sehen wir die Amerikaner der Vorgeschichte – selbst wenn wir an sie denken – nicht unter solchen Gesichtspunkten. Aber die Vorfahren der amerikanischen Ureinwohner entdeckten und besiedelten mehr als ein Viertel der gesamten Landfläche der Erde, und dabei besetzten sie alle Landschaften Nord- und Südamerikas in ebenso kurzer Zeit wie die europäischen Pioniere viele tausend Jahre später. Die Eroberung des Kontinents im späten Pleistozän wurde zusätzlich durch ein viel kälteres Klima und chaotischere geologische Verhältnisse als heute erschwert. Diese Menschen mussten sich mit unbekannten, gefährlichen Tieren auseinander setzen, die viel zahlreicher waren als die heutige afrikanische Tierwelt, und sie erfanden zweimal unabhängig voneinander die Landwirtschaft. Oder, wie der Anthropologe Ken Tankersley von der Northern Kentucky University es formulierte: Erst wenn den Menschen die Besiedelung anderer Planeten gelingt, wird unsere Art in eine Welt vordringen, die größer ist als jene, die von den ersten Amerikanern entdeckt wurde.

Woher stammten die Ureinwohner Nord- und Südamerikas, welchen Weg schlugen sie ein, und wann betraten sie den Kontinent zum ersten Mal?

Jenseits von Sibirien

Das äußere Erscheinungsbild der amerikanischen Ureinwohner legt die Vermutung nahe, dass sie ursprünglich aus Asien stammen – eine Theorie, die seit einiger Zeit auch durch genetische und linguistische Befunde gestützt wird. Untersuchungen an den Sprachfamilien der amerikanischen Ureinwohner weisen darauf hin, dass die von Asien ausgehende Besiedelung in mindestens drei Wellen erfolgte. Alle Ureinwohner Mittel- und Südamerikas, aber auch die meisten nordamerikanischen Indianer, stammen anscheinend von den Clovis-Menschen ab, die nach Ansicht vieler Fachleute die erste Welle asiatischer Einwanderer bildeten. Eine zweite, spätere Gruppe ist offenbar durch die Völker der Athabasken oder Na-Dene repräsentiert, die Teile des nordamerikanischen Westens sowie die kühlen Wälder in Nordwestkanada und Alaska bewohnen. Und die Gruppen schließlich, die ganz im Norden wohnen und sich der Eskimo- oder Aleutensprachen bedienen, stellen archäologischen und linguistischen Befunden zufolge eine noch spätere Einwanderergruppe dar, die erst vor wenigen tausend Jahren hinzukam.

Für die ersten Siedler führte die einfachste Route in die Neue Welt über die Beringsee. Heute ist das eine Schiffsreise von 88 Kilometern, man kann die Strecke aber auch zu Fuß zurücklegen, wenn sich im Winter dickes Packeis bildet. Früher, als es noch kälter war, gab es solche Eisbrücken wesentlich häufiger, aber

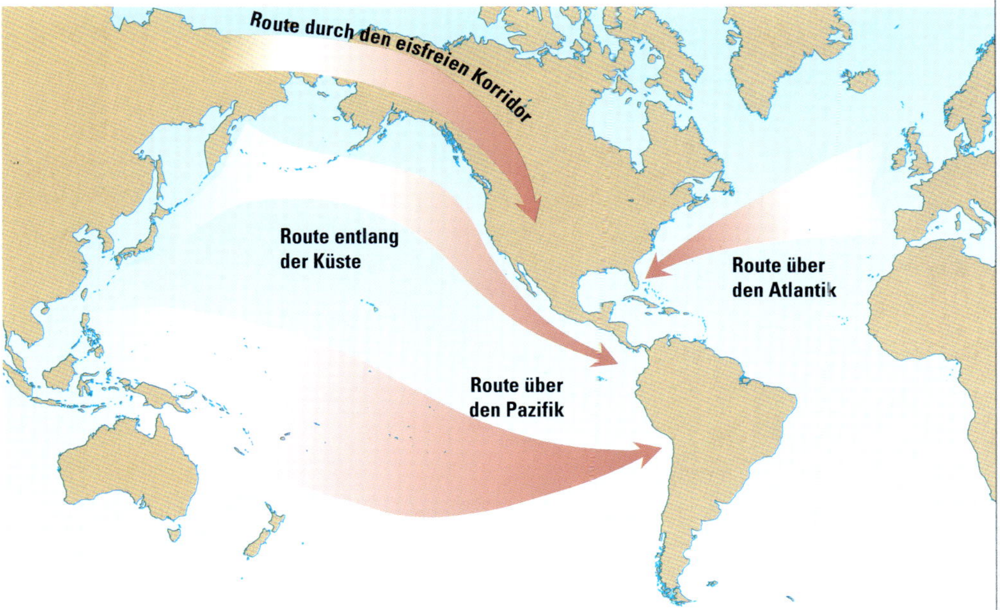

▲ Mögliche Wanderrouten der ersten Entdecker in die Neue Welt. Genetischen Befunden zufolge kamen sie wahrscheinlich aus Asien.

während großer Teile der Vorgeschichte brauchte man weder mit dem Boot zu fahren noch das gefährliche Eis zu überqueren: Die Beringstraße war trockenes Land. Auf dem Höhepunkt der letzten Eiszeit, vor 18.000 Jahren, lag der Meeresspiegel weltweit um 91 Meter niedriger als heute, sodass die großen Ebenen von Beringia zwischen Sibirien und Alaska freigelegt waren. Beringia war riesig: Es erstreckte sich von Norden nach Süden über etwa 1600 Kilometer. Der frühere Meeresboden war kalt und trocken, aber auch fruchtbar: In einer eigenartigen ökologischen Mischung, die als Mammutsteppe bezeichnet wird, gediehen Gräser, Kräuter, Zwergbirken und Weiden.

Während sich das Klima in den letzten zwei Millionen Jahren mehrmals abkühlte und wieder erwärmte, wurde auch die Landbrücke mehrere Male freigelegt und wieder überspült. Damit haben wir auch einen Anhaltspunkt zur Beantwortung der folgenden großen Frage: Wann wanderten die ersten Amerikaner ein?

Eine Landbrücke nach Alaska bot zwar eine nahe liegende Route für die Siedler aus Asien, aber es gab auch eine strikte Einschränkung: Solche trockenen Wege tauchen nur während strenger eiszeitlicher Kälteperioden auf, wenn das

KÄLTESCHUTZ

Die Erkundung und Besiedelung der Neuen Welt am Ende des Pleistozäns wäre ohne hoch entwickelte, dem kalten Wetter angepasste Kleidungsstücke und Unterkünfte nicht möglich gewesen. In dem unwirtlichen Klima von Beringia konnten nur hervorragend ausgerüstete Pioniere überleben. Südlich der vereisten Gebiete lagen die Durchschnittstemperaturen in Nordamerika um 7 °C niedriger als heute, und der Winter war in Regionen wie Tennessee oder South Carolina sogar um 17 °C kälter. Noch schlimmer war, dass in Amerika auch ein wesentlich stärkerer Wind herrschte; er kam vorwiegend aus Norden und trieb eisige Luft von den Eiskappen über den Kontinent. Die Kleidung bestand aus maßgeschneiderten Tierhäuten, die in mehreren Schichten übereinander getragen wurden und so auch gegen den Wind schützten. Man konnte sie vielfältig kombinieren und beispielsweise das Fell nach innen oder außen tragen, oder man legte je nach den Wetterbedingungen einzelne Schichten ab. Als die europäischen Entdecker viele tausend Jahre später durch die kanadische Arktis zogen, bezahlten sie für unzureichende Kleidung nur allzu oft mit dem Leben.

▶ **Die ersten Amerikaner verfügten über hoch entwickelte Kälteschutzkleidung, mit denen sie die Neue Welt erkunden und besiedeln konnten.**

Leben besonders schwierig ist und die Eiskappen in ihrer maximalen Ausdehnung das Vorankommen nach Süden unmöglich machen In Beringia wirkte das Eis wie ein riesiger Riegel: Es schuf zwar einen Landweg in das tiefgefrorene Alaska, versperrte aber den Zugang zum übrigen Nordamerika.

Das ist wichtig, denn mit Hilfe dieser Erkenntnis können wir den Zeitpunkt ausmachen, als Menschen erstmals die südlich des Eises gelegenen Teile Amerikas entdeckten.

Außerdem erfahren wir etwas über die ersten Siedler: Um in einem derart unwirtlichen Klima zu überleben, mussten sie einen recht hohen Entwicklungsstand erreicht haben – mit Kleidung und Unterkünften zum Schutz gegen das kalte Wetter, mit einer anpassungsfähigen, mobilen Jagdtechnik und mit einer Gesellschaftsstruktur, die stark auf Kooperation angelegt war. Vielleicht war das der Grund, warum weder andere Hominidenarten noch der archaische *Homo sapiens* diese Gebiete besiedeln konnten. Die Vorfahren der heutigen amerikanischen Ureinwohner waren schlicht und einfach die am besten an Kälte angepassten Entdecker, die es bis dahin auf der Welt gegeben hatte.

Der Weg nach Süden

Ungefähr vor 15.000 Jahren, als das Klima sich wieder erwärmte, eröffnete sich östlich der Rocky Mountains ein eisfreier Korridor und damit ein Weg nach Süden. In diesem Gebiet hatte es immer relativ wenig geschneit, weil es im Regenschatten des Gebirges lag. Dort taute das dünnere Eis als Erstes. Diese Theorie wird auch durch andere Indizien gestützt: Die geologischen Verhältnisse im Gebiet des Korridors lassen wenig gletscherbedingte Erosion erkennen, und die Verbreitung der Tiere und Pflanzen legt die Vermutung nahe, dass die Region früher besiedelt wurde als benachbarte Landstriche.

Ein solcher Korridor musste tief greifende ökologische Auswirkungen haben. Zum ersten Mal seit über 10.000 Jahren konnten Menschen und Tiere aus Alaska nach Süden in den riesigen amerikanischen Kontinent einwandern. Das eisfreie Land muss anfangs ein abschreckender Anblick gewesen sein: Es war mit Felsen und schmelzenden Eisblöcken übersät, ein eisiger Wind wehte, und überall gab es reißende Flüsse, Sümpfe und Seen ohne Leben. Dieses von den Gletschern verwüstete Gelände bot kaum essbare Pflanzen oder Feuerholz, und vermutlich waren dort auch nur sehr wenige Tiere ansässig. Der starke Wind bedeckte noch vorhandene Eisflächen mit Erde, auf der sogar Pflanzen wuchsen. Die ersten Menschen, die den Korridor erkundeten, dürften sich in einer verzweifelten Situation befunden haben. Vielleicht wagten es Karibus und andere wandernde Tiere als Erste, auf der Route nach Süden zu ziehen, und die menschlichen Jäger folgten später den Herden.

Als die Erde sich weiter erwärmte und die Gletscher schmolzen, tauchten auch an der Pazifikküste von Alaska und British Columbia eisfreie Landstriche auf. Nach Ansicht mancher Fachleute nahmen die ersten Amerikaner diesen Weg, wobei sie mit Booten entlang der Küste nach Süden zogen. Da Menschen schon vor 60.000 Jahren von Asien nach Australien gelangt waren, müssen die Menschen schon viele tausend Jahre vor der Entdeckung der Neuen Welt über Boote verfügt haben, mit denen sie kurze Strecken über das Meer zurücklegen konnten. Auf welchem Weg die Menschen tatsächlich über die südlich des Eises gelegenen Teile Amerikas gelangten, wissen wir bisher nicht. Die Region, in der Bootsfahrer vermutlich an Land gegangen wären, ist heute dünn besiedelt und

▶ **Umgingen die ersten Amerikaner das Eis per Boot? Offene Boote aus Tierhäuten konnten entlang der Küste Alaskas und Kanadas gefahrlos verkehren.**

archäologisch bisher kaum erforscht. Entlang dieser Küste warten zweifellos noch große Funde auf ihre Entdeckung.

Wann kamen die Menschen?

Können wir schon nicht genau feststellen, auf welcher Route die Menschen von Beringia nach Süden wanderten, so herrschen in der Frage, wann sie eintrafen und um welche Menschen es sich dabei im Einzelnen handelte, noch größere Meinungsverschiedenheiten. Wir wissen nur, dass die Ureinwohner von Grönland bis zur Südspitze Südamerikas einander sowohl körperlich als auch genetisch stärker ähneln als dies in jedem anderen Kontinent der Fall ist. Daraus kann man schließen, dass sie erst später einwanderten als die Ureinwohner Afrikas, Australiens oder Eurasiens, sodass ihnen weniger Zeit für die Entwicklung einer genetischen Vielfalt blieb. Wann aber betraten die ersten Amerikaner den Kontinent?

DIE ERSTE AMERIKANISCHE ERFINDUNG

In allen US-Bundesstaaten südlich von Alaska hat man Clovis-Steinspitzen gefunden; mit ihrer charakteristischen Form tauchen sie in den archäologischen Funden vor rund 13.000 Jahren sehr plötzlich auf. Den Namen verdanken sie dem Ort Clovis in New Mexico, wo man sie in den dreißiger Jahren des 20. Jahrhunderts zum ersten Mal entdeckte. Die Clovis-Spitzen, die wie Speerspitzen aussehen und meist an einem langen Schaft befestigt waren, wurden mit einem Atlatl abgeschossen (siehe Seite 136). Man benutzte sie zur Jagd auf große Tiere, denn sie wurden

▶ **Die Clovis-Technologie lieferte hoch entwickelte, tödliche Produkte. Wie andere Werkzeuge entstanden sie aus einem leicht zu transportierenden, bereits teilweise bearbeiteten Block.**

Sowohl was den Zeitpunkt für die Entdeckung der Neuen Welt angeht, als auch in der Frage nach der Identität der Siedler gibt es unter den Archäologen zwei Lager. Eine kleinere Gruppe glaubt, die Clovis-Menschen, deren charakteristische Steinwerkzeuge ursprünglich in Clovis in New Mexico gefunden wurden, hätten als erste Menschen vor rund 13.000 Jahren den amerikanischen Kontinent entdeckt und besiedelt. Nach Ansicht der größeren zweiten Gruppe dagegen gab es schon einige Jahrhunderte oder sogar Jahrtausende früher erste Prä-Clovis-Siedler. Es ist eine der wichtigsten und umstrittensten Fragen in der Archäologie der Neuen Welt. Das Datum der Erstbesiedlung ist wichtig, denn es sagt etwas darüber aus, wie lange die Menschen mit den Tieren der Neuen Welt zusammenlebten und ob sie zu ihrem Aussterben beitrugen.

Trotz jahrelanger Forschungsarbeiten sind die Belege für Siedlungen aus der Prä-Clovis-Zeit bisher nicht schlüssig. Wie Tim Flannery vom Museum of South Australia deutlich machte, gibt es in der Archäologie der Neuen Welt eine Fülle von Fundstätten – Calico, Louisville, Texas Street und andere –, die man an-

häufig zusammen mit Mammuts gefunden oder steckten sogar noch in ihren Überresten. Mit ihrer einzigartigen, gerillten oder gekehlten Form sehen sie in dem riesigen Gebiet, in dem sie gefunden wurden, bemerkenswert einheitlich aus – ein Indiz, dass sie von Pionieren einer neuen Kultur hergestellt wurden. Die Kerben dienten zur Befestigung am Schaft und sorgten auch dafür, dass die Beute stärker blutete. Material waren hochwertige Steine und manchmal sogar Halbedelsteine wie Hornstein, Quarz, Obsidian, Feuerstein und Hämatit. Bei der endgültigen Formgebung einer Spitze fielen rasiermesserscharfe Splitter an, die zum Zerlegen der Tiere und zum Abschaben der Häute genutzt wurden. Die Herstellung dieser Werkzeuge erforderte große Geschicklichkeit – und

▲ **Die Werkzeuge der ersten Amerikaner waren schön und praktisch zugleich. Mit den überraschend scharfen Clovis-Messerschneiden konnte man sogar chirurgische Operationen ausführen.**

bis heute ist es nur wenigen Archäologen gelungen, sie in vergleichbarer Qualität zu kopieren. Die tödliche Clovis-Spitze wurde auch als „erste amerikanische Erfindung" bezeichnet.

fangs in die Prä-Clovis-Periode einordnete, was sich aber später als falsche Datierung erwies. Manche angeblichen Prä-Clovis-Fundstätten, beispielsweise Sandia Cave, dürften sogar Fälschungen sein. Aber es gibt auch einige Orte, die bereits mehrfach auf die Zeit vor mehr als 13.000 Jahren datiert wurden. Der am besten belegte ist Monte Verde im Süden Chiles, der von einem Archäologen-Team unter Leitung von Tom Dillehay von der University of Kentucky ausgegraben wurde.

In Monte Verde fand man neben Holz- und Steinwerkzeugen, Fußspuren von Menschen und Resten von Großtieren auch die Überreste eines seltsamen, elefantenähnlichen Gomphotherien (*Cuvieronius*). Die Funde von Monte Verde sind ausgezeichnet erhalten: Der Ort wurde unter einer Torfschicht begraben, kurz nachdem die Menschen ihn verlassen hatten. Holzstücke und Knochen, die dort gefunden wurden, stammen der Radiokarbondatierung zufolge aus der Zeit vor 14.800 bis 14.400 Jahren und sind damit mehr als 1000 Jahre älter als Clovis. Nach weiteren Befunden, die von derselben Wissenschaftlergruppe veröffentlicht wurden, lebten Menschen an anderen, nicht weit davon entfernten Stellen bereits vor 30.000 Jahren. Wenn diese Datierung stimmt, war die Neue Welt schon viele tausend Jahre vor der Clovis-Kultur von Menschen besiedelt.

Allerdings besteht Grund zu der Annahme, dass Fundstätten, die der Prä-Clovis-Zeit zugeordnet werden, falsch datiert sind. Dazu braucht man sich nur anzusehen, wie eine Besiedlung vermutlich ablaufen würde, wenn Menschen, die sich bereits in der Kälte Sibiriens behauptet hatten, in eine jungfräuliche Welt mit mildem Klima und einer großen Zahl einheimischer Beutetiere einwanderten, in der es für sie weder Krankheiten noch Konkurrenten gab. Würden sie mit einer geringen Bevölkerungsdichte Jahrtausende lang in wildreichen Paradiesen wie Kalifornien und Florida leben, ohne dass sie, von wenigen, weit verstreuten Orten abgesehen, nennenswerte Spuren hinterlassen? Denn genau das nehmen die Anhänger der Prä-Clovis-Theorie an. Doch die Geschichte der Einwanderung durch Menschen (und Tiere) legt die Vermutung nahe, dass die Bevölkerung sich unter solchen Umständen sehr plötzlich vermehrte und ausbreitete, sodass in einem großen Gebiet eine einheitliche Technologie vorherrscht. Wenn die Umwelt durch dieses anfängliche Wachstum überlastet wurde, könnte es anschließend zum Zusammenbruch gekommen sein, auf den dann eine Phase der Neuausrichtung folgte. Dieses Szenario passt zur Verteilung der

◀ Die Clovis-Menschen entdeckten ein Viertel aller Landflächen der Erde. Erst wenn wir auf andere Planeten vordringen, wird unsere Art noch einmal derart riesige Gebiete in Besitz nehmen.

Clovis-Kultur. Ihre charakteristischen Geschossspitzen tauchen in den archäologischen Befunden sehr plötzlich auf, verbreiten sich schnell, bleiben aber nur wenige hundert Jahre erhalten – alles typische Kennzeichen für Pioniere, die eine unberührte Welt in Besitz nehmen.

Zwar ist die Theorie, wonach die Clovis-Menschen die ersten Siedler waren, eine Minderheitenmeinung, aber niemand leugnet, dass diese Menschen die erste erkennbare Kultur der Neuen Welt bildeten.

DER ATLATL

Als Atlatl bezeichnet man eine stangen- oder brettförmige, aus Holz und Knochen hergestellte Speerschleuder, die bei den ersten Amerikanern in Gebrauch war.

Der Atlatl besitzt eine stärkere Hebelwirkung als der Arm eines Menschen, sodass man Waffen mit seiner Hilfe kraftvoller schleudern kann als beim normalen Speerwurf. Der mit einer Steinspitze versehene Speer liegt längs am Atlatl, wobei das hintere Ende des Pfeils in eine hakenförmige Aussparung passt. Man greift beide mit einer Hand und wirft mit einer Peitschenbewegung. Wird der Pfeil losgelassen, biegt sich der Atlatl und verleiht dem Geschoss beim Zurückschnellen zusätzlichen Vortrieb. Der Speer hat dann im Vergleich zu einem einfachen Wurf mehr als die doppelte Kraft.

Mit dieser Waffe ausgerüstet, konnten die ersten Amerikaner das dicke Fell der Mammuts und anderer großer Tiere durchdringen, um ihnen aus sicherer Entfernung tödliche Verletzungen zuzufügen. Vermutlich setzten sie den Atlatl auch gegeneinander ein. Die mexikanischen Azteken, Nachkommen der Clovis-Menschen,

▲ **Der Atlatl ermöglichte den Clovis-Menschen die Jagd auf große Tiere.**

hatten eine ganze Armee von Atlatl-Schützen, und Abbildungen von Kriegern mit solchen Speerschleudern zieren auch den Eingang eines Aztekenstadions. Heute trifft ein geübter Werfer aus einer Entfernung von 40 Metern zuverlässig ein Ziel von der Größe einer Grapefruit, und der Weltrekord im Weitwurf liegt bei 258 Metern.

Die Vertreter der Prä-Clovis-Theorie argumentieren, die früheren Menschen seien deshalb so schwer fassbar, weil sie keine so hoch entwickelte Technologie besaßen wie die Clovis-Kultur und weil die ersten Siedler auf dem Höhepunkt der Eiszeit in einem Klima lebten, das im Durchschnitt kälter und trockener war. Eine solche weniger produktive Umwelt konnte auch weniger Menschen ernähren, sodass es nur eine geringe Zahl archäologischer Fundstätten gibt. Aber selbst auf dem Höhepunkt der Eiszeit waren viele Teile der Neuen Welt für Menschen ein idealer Lebensraum.

Tim Flannery wies darauf hin, dass in Australien vor 20.000 bis 40.000 Jahren ein ähnlich kühles, trockenes Eiszeitklima herrschte, und dennoch gibt es dort aus jener Zeit trotz schlechterer Erhaltungsbedingungen eine Fülle von Belegen für die Besiedlung durch Menschen. Warum sollte es in der Neuen Welt anders sein? Wie eine weit verbreitete Prä-Clovis-Bevölkerung so wenig Spuren hinterlassen konnte, ist offensichtlich schwer zu erklären.

Wenn die Clovis-Menschen wirklich die ersten Amerikaner waren, warum hört man dann so häufig Behauptungen über Entdeckungen aus älterer Zeit? Nach Ansicht von Ken Tankersley ist dabei der Einfluss der Medien von großer Bedeutung.

Die Archäologie steht stärker im Blickpunkt der Öffentlichkeit als andere Wissenschaftsgebiete. Diskussionen über Chemie, Physik und Biologie spielen sich vor allem in Fachzeitschriften und auf Tagungen ab, und neue Befunde werden von Fachleuten überprüft, bevor die Presse Notiz davon nimmt. Anders die Archäologie: Sie gehört zu den wenigen Disziplinen, in denen neue Entdeckungen von Medien finanziert und manchmal sogar in ihrer Gegenwart gemacht werden. In welchem anderen Fachgebiet sind Filmteams im Augenblick der Entdeckung dabei wie kürzlich bei der Ausgrabung von Inka-Mumien? Behauptungen über eine Prä-Clovis-Besiedlung geben einfach eine bessere Geschichte ab und faszinieren die Öffentlichkeit stärker. Ein zweiter Grund, warum so häufig über derartige Funde berichtet wird, ist der Wunsch der Archäologen, die Grenzen ihrer Wissenschaft immer weiter hinauszuschieben und immer ältere Fundstätten auszugraben. Man braucht nur die zu erwartende Abfolge von Entdeckungen zu bedenken, wenn die erste Besiedlungswelle richtig identifiziert wurde und die Wissenschaftler nun weiterhin nach immer älteren Funden suchen. Jedes Jahr würde man von spannenden, aber umstrittenen Behauptungen hören, wonach ältere Stellen gefunden wurden, und etwas später würden die Wissenschaftler mit viel weniger Trara bekannt geben, dass die ursprüngliche Datierung falsch war. Genau so etwas beobachtet man derzeit offenbar in der Archäologie der Neuen Welt.

Derzeit scheint es am klügsten zu sein, Behauptungen über Prä-Clovis-Funde zurückhaltend zu betrachten, bis sie durch unabhängige Fachleute bestätigt sind. Deshalb werden wir in diesem Kapitel von nun an davon ausgehen, dass die Clovis-Menschen tatsächlich die ersten Amerikaner waren. In einem allerdings sind sich alle einig: Als die ersten Menschen ankamen, begegneten sie unglaublichen Tieren.

Die amerikanischen Monster

Man kann sich kaum vorstellen, wie verblüffend, wild und vom Bekannten abweichend die Tiere waren, die den ersten vorzeitlichen Entdeckern begegneten, als sie am Ende des Pleistozäns von der Eisgrenze aus nach Süden wanderten. Die heutigen Verhältnisse stehen dazu im krassen Gegensatz: Es gibt in Amerika mittlerweile nur noch so wenige große Tiere, dass es ein seltenes und oftmals bewegendes Erlebnis ist, wenn man einem davon in freier Wildbahn gegenüber steht. Naturfilme vermitteln zwar den Eindruck, als warteten Bären, Pumas und Elche hinter jedem Baum, in Wirklichkeit sehen aber die meisten Nordamerikaner außerhalb von Gehegen nur einen einzigen Typ einheimischer Großtiere:

DIE BÄREN GREIFEN AN!

Der Kurznasenbär (*Arctodus simus*) war das größte räuberische Landsäugetier, das jemals über die Erde streifte. Die Männchen wogen bis zu 1000 Kilogramm, dreimal so viel wie ein Grizzlybär. Bei einer Schulterhöhe von 1,50 Meter war der Kurznasenbär aufgerichtet 3,40 Meter hoch, und mit dem Arm reichte er bis 1,40 Meter über einen Basketballkorb. Biologisch betrachtet war er zwar ein Bär, aber mit seiner seltsamen Anatomie und der Lebensweise als Aasfresser stellt man ihn sich besser als „Hyäne von der Größe eines Pferdes" vor. Mit seinen langen Beinen konnte er recht schnell gehen, flinker als die heutigen Bären. Seine riesige Nase nahm einen Kadaver schon aus großer Entfernung wahr. Mit seiner ungeheuren Beißkraft konnte der Bär die Knochen von Großtieren zermalmen und sich am nahrhaften Knochenmark gütlich tun. Er war vermutlich das Angst einflößendste Tier, dem die ersten Menschen in Amerika begegnet sind.

▶ Der pferdegroße *Arctodus* war ein so mächtiger Gegner, dass er die Besiedlung der Neuen Welt durchaus verzögert haben könnte.

die Trughirschgattung *Odocoileus*. In Südamerika bestehen noch weniger Aussichten, große Tiere zu Gesicht zu bekommen. Die heute noch lebenden Bären, Kamele, Wildschweine, Elche, Wölfe, Karibus, Schafe, Ziegen, Moschusochsen, Tapire und Raubkatzen der Neuen Welt sind so selten und werden in freier Wildbahn von so wenigen Menschen gesehen, dass man sie fast als ebenso ausgestorben betrachten kann wie Mammuts und Säbelzahnkatzen. Noch seltsamer ist, dass es nach wie vor große Gebiete mit geeigneten Lebensräumen gibt, die aber meist verlassen sind. Von den verschiedenen Tierarten, denen die Pioniere der Vorzeit in der Neuen Welt begegneten, ist heute nicht einmal mehr ein Viertel am Leben. Fährt man in die letzten Wildnisgebiete der großen Ebenen Nordamerikas, so ist man von Schweigen eingehüllt. Eine Kanutour durch die riesigen, unheimlichen Nadelwälder Kanadas oder das Amazonasgebiet lässt erkennen, dass auch sie vergleichsweise wenig von Großtieren besiedelt sind. Nahrung gibt es – in Bäumen, Sümpfen und Graslandschaften wimmelt es von kleinen Tieren, Vögeln, Amphibien und Insekten –, aber die Zahl der Großtiere ist gering.

In vielerlei Hinsicht sah die Neue Welt im Pleistozän genauso aus wie heute. Fast alle Pflanzen, Kleintiere und Insekten, die heute die Landschaft beherrschen, nahmen auch damals eine dominante Stellung ein. Aus Fossilfunden wissen wir, dass die ersten Amerikaner die gleichen Eichhörnchen, Waschbären,

DAS WOLLHAARMAMMUT

Mammuthus primigenius ist die berühmteste der fünf amerikanischen Elefantenarten. Es lebte während der Clovis-Zeit in der arktischen Tundra am Rand der Nadelwälder. Die Größe der heutigen Elefanten erreichte es nicht ganz: Es maß kaum einmal mehr als 2,70 Meter und wog bis zu acht Tonnen. An seinen gefrorenen Überresten kann man noch heute erkennen, dass es ein dichtes Fell aus dunkelbraunen bis schwarzen Haaren besaß, unter dem noch ein zehn Zentimeter dicker Unterpelz lag. Die Wolle schützte das Mammut gegen die eisige Kälte. Auch die kleinen Ohren sowie der kurze Rüssel lieferten der Kälte wenig Angriffsfläche. Weitere charakteristische Merkmale waren der kuppelförmige Schädel und ein schräg abfallender Rücken mit einem Buckel voller Fett.

Wie alle Mammuts, so war auch das Wollhaarmammut ein Grasfresser. Seine Mahlzähne waren darauf spezialisiert, Gräser und Hartgräser zu zermalmen. Während eines Teils des Jahres war ihr Lebensraum von Schnee bedeckt; vermutlich wanderten sie deshalb über weite Strecken.

Ihre Überreste hat man an vielen Stellen von Großbritannien bis nach Sibirien, in den eisfreien Teilen Kanadas und der USA gefunden. Die Art war in Nordamerika weit verbreitet, starb aber im späten Pleistozän aus; nur eine isolierte Population überlebte bis vor 4000 Jahren, als die Ägypter bereits ihre Pyramiden bauten, auf der Wrangelinsel im russischen Nordpolargebiet.

▼ **Das Wollhaarmammut starb erst vor relativ kurzer Zeit endgültig aus. Sein nächster noch lebender Verwandter ist der Indische Elefant.**

Ahornbäume, Kakteen und Schmetterlinge sahen wie die heutigen Nordamerikaner, auch wenn sie an geringfügig anderen Stellen vorkamen. Es gab aber einen wichtigen Unterschied: Wie man ebenfalls an den Fossilien erkennt, fiel der Blick der ersten Amerikaner auf einige der verblüffendsten Naturschauspiele, die es auf der Welt jemals zu sehen gab. Bei der Erkundung Amerikas stießen sie auf Herden riesiger Tiere, die zahlreicher, vielgestaltiger und seltsamer waren als in jedem afrikanischen Safaripark. Sie entdeckten die amerikanische Serengeti.

DAS MASTODON

Mammut americanum war mit den modernen Elefanten nur weitläufig verwandt und kam vor 17 Millionen Jahren in die Neue Welt. Das Mastodon war leichter als ein Mammut – es wurde etwa 2,50 bis drei Meter groß und wog vier bis sechs Tonnen. Die Mastodonten bevorzugten Waldgebiete und dürften in kleineren Herden gelebt haben als ihre Vettern. Die Zähne weisen darauf hin, dass sie sich von den Blättern der Bäume und Sträucher ernährten und so wie die heutigen Elefanten das Landschaftsbild prägten. Man hat so gut erhaltenen Dung und Darminhalt von Mastodonten gefunden, dass man sogar die darin enthaltenen, ruhenden Mikroorganismen wieder zum Leben erwecken konnte. Mastodonknochen mit Speerspitzen sind ein Indiz, dass sie den Clovis-Siedlern als Beute dienten.

▼ Mastodonten waren kleiner als Mammuts und ernährten sich bevorzugt von den Blättern der Bäume und Sträucher.

DAS KOLUMBUS-MAMMUT

Das Kolumbus-Mammut *(Mammuthus columbi)*, ein riesiger, enger Verwandter des Wollhaarmammuts, bot auf den Prärien der Neuen Welt sicher einen besonders eindrucksvollen Anblick. *Mammuthus columbi* war vielleicht der größte Elefant, der jemals lebte. Mit einer Schulterhöhe von bis zu vier Metern und einem Gewicht von zehn Tonnen – viel mehr als bei den heutigen Afrikanischen Elefanten – musste es täglich rund 250 Kilogramm Gräser und Riedgräser fressen, ergänzt durch zarte Fichtenzweigspitzen, Eichenblätter, Nordamerikanischen Beifuß, Rohrkolben und sogar stachelige Kakteen, die man alle im Dung solcher Tiere gefunden hat. Das Kolumbus-Mammut war nicht so stark behaart wie das Wollhaarmammut und hatte längere, stärker gebogene Stoßzähne. Die Art wanderte erst vor 1,7 Millionen Jahren aus Asien ein; ihre Überreste und ihren Dung hat man in trockenen Höhlen gefunden, wo die Mammuts vermutlich am salzigen Gestein leckten. Besonders wohl fühlten sie sich in Wüsten, Graslandschaften und locker bewaldeten Regionen. Ein Kolumbus-Mammut lieferte den Clovis-Jägern bis zu zwei Tonnen Fleisch und Fett.

▼ **Das prähistorische Amerika beherbergte mehr Elefanten als jeder andere Kontinent.**

Haarige Riesen

Die heutigen Graslandschaften Afrikas können viele Großsäugetiere mit einem Gesamtgewicht von rund 11,5 Tonnen pro Quadratkilometer ernähren. Die eiszeitliche amerikanische Serengeti könnte durchaus ebenso umfangreiche Herden beherbergt haben. Serengeti ist tatsächlich das richtige Wort – wie die Menschen, so hatten auch zahlreiche Tiere der Neuen Welt ihren Ursprung in Afrika und wanderten über die Bering-Landbrücke nach Amerika ein. Zu den auffälligsten Arten gehörten dabei die riesigen prähistorischen Elefanten, beispielsweise die Mastodonten, die vor etwa 17 Millionen Jahren in die Neue Welt gelangten. Heute halten wir Elefanten für afrikanische oder asiatische Tiere, aber noch in nicht allzu ferner Vergangenheit beherbergte Amerika mindestens fünf Arten der Rüsseltiere – mehr als jede andere Region der Erde.

An ungefähr dreißig Stellen hat man archäologische Anhaltspunkte dafür gefunden, dass die ersten Amerikaner Jagd auf Elefanten machten. Da die meisten Fundstätten sich in der Nähe von Gewässern befinden, wo Überreste besser erhalten bleiben, wurde die Häufigkeit der Elefantenjagd bisher wahrscheinlich sogar unterschätzt. Als die ersten Menschen in die Neue Welt kamen, verfügten sie bereits über jahrtausendelange Erfahrungen mit der Mammutjagd; sie waren also vermutlich bereits mit den notwendigen Werkzeugen und Fähigkeiten ausgestattet, um diese gewaltigen Tiere erlegen zu können.

Eiszeitliche Pferderennen

Nachdem die vorzeitlichen Pioniere sich an den überwältigenden Anblick von Elefanten und anderen Riesen gewöhnt hatten, fiel ihnen wahrscheinlich eine reizvolle Vielfalt von Huftieren auf. In der Schule lernt man meist, die Spanier hätten das Pferd nach Amerika gebracht; viel weniger bekannt ist jedoch, dass die Familie der Pferde ursprünglich in Nordamerika entstand, und diese erst später in mehreren Schüben in die übrige Welt einwanderte. Viele Jahrtausende vor der Ankunft der Spanier fanden die ersten Amerikaner mindestens fünf Pferdearten vor, die durch die Gras- und Tundralandschaften streiften. Manche Rekonstruktionen dieser Tiere zeigen zebraähnliche Streifen – ein Merkmal, das in der

▶ Die amerikanischen Bisons (*Bison bison*) wanderten erst in recht junger Vergangenheit zusammen mit den ersten Amerikanern aus Eurasien in die Neue Welt ein.

Familie der Pferde tief verwurzelt ist. Die afrikanischen Zebras sind eigentlich Nachkommen amerikanischer Pferde.

Neben den Pferden gab es die Kamele. Auch sie entwickelten sich ursprünglich in der Neuen Welt und waren insbesondere darauf spezialisiert, in einer sehr wechselhaften, trockenen Umwelt zurechtzukommen. Die ersten Amerikaner entdeckten im Norden des Kontinents mehrere einzigartige, lamaähnliche Kamele sowie das riesige Urzeitkamel *Camelops hesternus*, ein kälteangepasstes Tier mit einem Höcker, dessen Beine um 20 Prozent länger waren als die aller heute lebenden Kamele. Knochen von *Camelops hesternus* hat man an 18 Fundstätten aus der Clovis-Zeit gefunden, und einer davon war zu einem Werkzeug geschnitzt. Heute haben sich nur zwei Kamelarten in Amerika erhalten: das Vikunja und das Guanako, wobei aus letzterem die Haustiere Lama und Alpaka hervorgingen. Beide Wildarten gibt es nur noch in den Anden.

Auch andere charakteristische Huftiere waren hinter den Eiskappen gefangen, so eine archaische Form von Elchen mit seltsam geformtem Geweih, eine Art Wald-Moschusochse, eine eigenartige Schneeziege, ungewöhnliche Antilopen, Schweine, Tapire und Bisons mit langen Hörnern. Diese heute ausgestorbenen Arten bildeten zusammen mit den noch vorhandenen Säugetieren auf den weiten, grasbewachsenen Ebenen eine Serengeti-ähnliche Lebensgemeinschaft. Der Langhornbison (*Bison antiquus*) war größer als sein moderner Vetter und hatte längere, gestreckte Hörner mit einer Spannweite von über zwei Metern von Spitze zu Spitze. Er dürfte eine ähnliche ökologische Rolle gespielt haben wie der Kaffernbüffel heute in Afrika. Und genau wie die Büffel, so fielen auch die Langhornbisons hin und wieder den Löwen zum Opfer – in Alaska fand man den mumifizierten Kadaver eines solchen Tieres, in dem ein Zahnfragment eines amerikanischen Löwen (*Panthera atrox*) steckte.

Monster im Krieg

Die Pflanzenfresser kamen für ein breites Spektrum von Raubtieren als Beute infrage. Das eiszeitliche Amerika hatte eine eindrucksvolle Vielfalt großer Katzen vorzuweisen, darunter einige der größten Arten, die es jemals auf der Welt gab. Dazu gehörte der amerikanische Säbelzahntiger (*Smilodon fatalis*), die Scimitarkatze (*Homotherium serum*), der amerikanische Löwe, der mit bis zu 500 Kilogramm doppelt so schwer war wie seine heutigen afrikanischen Verwandten, und sogar ein amerikanischer Gepard (*Miracinonyx trumani*). Der Gepard gehörte zu einer der wenigen Katzengattungen, die ihren Ursprung in Nordamerika hatten.

DER AMERIKANISCHE SÄBELZAHNTIGER

Smilodon fatalis war mit einer Schulterhöhe von 1,20 Meter und einem Gewicht von bis zu 340 Kilogramm eine der größten Katzen aller Zeiten. Sein auffälligstes Merkmal waren die riesigen Eckzähne, die bis zu 18 Zentimetern lang wurden und ihm zum Töten anderer großer Tiere dienten. *Smilodon* lauerte seinen Opfern vermutlich im Hinterhalt auf und fügte ihnen mit den „Säbeln" tiefe, klaffende Wunden zu, sodass sie verbluteten.

Die Zähne waren zwar sehr wirksame tödliche Waffen, beim Fressen standen sie aber vermutlich im Weg. Aus den Teergruben von Rancho La Brea in Los Angeles kennt man mehrere hundert sehr gut erhaltene Fossilien dieser Tiere.

▼ **Mit ihren riesigen Zähnen war diese Raubkatze auf Tiere spezialisiert, die den amerikanischen Löwen zu groß waren. Sie war früher in Nord- und Südamerika weit verbreitet.**

Er verbreitete sich über die Bering-Landbrücke in die Alte Welt und hatte vor ungefähr ein bis zwei Millionen Jahren den Weg nach Afrika gefunden, wo seine Nachkommen bis heute erhalten geblieben sind; der kleine Kopf und der lange Schwanz des afrikanischen Geparden verraten seine enge Verwandtschaft mit dem Puma.

Als ob Löwen, Säbelzahnkatzen und Pumas noch nicht genug wären, beherbergte Nordamerika auch Luchse und Rotluchse sowie viele Raubkatzen, die man heute nur in den Tropen findet: Jaguare, Ozelots, Jaguarundis und Langschwanzkatzen. Nirgendwo sonst auf der Welt lebte eine solche Fülle unterschiedlicher Katzen nebeneinander. Da es so viele waren, liegt die Vermutung

DER ELEFANTENMÖRDER

Die amerikanische Scimitarkatze (*Homotherium serum)* verdankte ihren Namen den seltsam gezackten Reißzähnen, die auch Elefantenhaut durchschnitten. Mit einer Schulterhöhe von 1,10 Meter und einem Gewicht von 150 bis 250 Kilogramm war sie kleiner als der amerikanische Löwe. Ihr Körperbau mit schlanken Vorderbeinen und kurzen Hintergliedmaßen ähnelte eher einer Hyäne. Die Krallen konnte sie wie ein Gepard teilweise einziehen, sie war vermutlich ein schneller Läufer. In einer Höhle in Texas hat man die Knochen von 30 ausgewachsenen Scimitarkatzen und zwei Jungen zusammen mit den abgenagten Überresten von 400 Mammuts gefunden, von denen die meisten ungefähr zwei Jahre alt waren. Offensichtlich hatte sich *Homotherium* auf die Tötung junger Elefanten spezialisiert. Wie man an den Fossilien erkennt, schleppte die Scimitarkatze die Jung-Elefanten in ihren Bau. Möglicherweise jagte sie im Rudel, um in Teamarbeit gemeinsam junge Mammuts von ihren Eltern zu trennen.

▲ **Eine von zwölf Raubkatzenarten, denen die Pioniere in der Neuen Welt begegneten: *Homotherium*.**

nahe, dass es in den Graslandschaften der Neuen Welt von Pflanzenfressern nur so wimmelte.

Außer den Katzen gab es noch den heutigen Grau- und Rotwolf sowie den Koyoten, aber auch den ausgestorbenen Direwolf (*Canis dirus*). Sie alle wurden jedoch von sieben Arten neuweltlicher Bären in den Schatten gestellt. Als Erstes begegneten die Menschen wahrscheinlich dem riesigen Kurznasenbären (*Arctodus simus*), einem der größten räuberischen Landsäugetiere, das die Wissenschaft kennt. Er hatte so Furcht einflößende Ausmaße, dass manche Fachleute heute der Ansicht sind, er allein könne die Einwanderung der Menschen in Nordamerika verzögert haben.

Die große Zahl der Raub- und Beutetiere schuf auch für große Aasverwerter viele Möglichkeiten, und der Größte von allen war der oben erwähnte pferdegroße Kurznasenbär. Mit seiner gewaltigen, empfindlichen Nase roch er das Aas, mit seiner enormen Kraft vertrieb er die Raubtiere von ihrer Beute, und mit seinen Kiefern, die auch Knochen zermalmen konnten, ernährte er sich von den Überbleibseln. Die ersten Amerikaner müssen ihn sehr gefürchtet haben – wenn sie jagten, wurde er auf sie aufmerksam, und er könnte sie durchaus gezwungen haben, die Tiere nur eilig und unvollständig zu zerlegen, um sich dann in Sicherheit zu bringen. Zum Glück für heutige Wanderer und Camper ist dieses albtraumhafte Tier mittlerweile ausgestorben.

Ein weiteres Indiz für die geradezu afrikanische Fülle von Tieren war eine beängstigend große Zahl von Geiern und Adlern, unter ihnen die Teratorne, die größten Vögel, die jemals den Himmel bevölkerten. Die Teratorne waren ursprünglich in Südamerika beheimatet und wanderten später in den Norden des Kontinents ein.

Die größte nordamerikanische Art, *Teratornis incredibilis*, hatte eine Flügelspannweite von fast fünf Metern, doppelt so viel wie die größten heute lebenden Vögel. Und selbst er war ein Zwerg im Vergleich zu seinem südamerikanischen Verwandten *Argentavis magnificens*, der mit einer Flügelspannweite von bis zu zwölf Metern die Größe eines kleinen Flugzeugs erreichte. Die gewaltigen Vögel geben den Wissenschaftlern Rätsel auf: Waren sie Räuber oder nur riesige Abfallverwertungsmaschinen? Diese Frage lässt sich bis heute nicht sicher beantworten.

Neben den Teratornen gab es viele heute ausgestorbene Arten von Geiern, Adlern, Falken und Eulen. Tierkadaver müssen in den Ebenen des eiszeitlichen Amerika von einer zankenden Masse gefiederter Monster besetzt gewesen sein

EIN ÜBERLEBENDER DER EISZEIT

Der Kalifornische Kondor (*Gymnogyps californianus*) ist das einzige heute noch lebende Überbleibsel einer Gruppe riesiger, Aas fressender Vögel, die es in Amerika gab. Heute gehört er zu den seltensten (und größten) Vögeln der Welt: Er wiegt zehn Kilogramm und hat eine Flügelspannweite von bis zu 2,90 Metern. Im Mittleren Pleistozän war er in großen Teilen Nordamerikas weit verbreitet. Seine Knochen, Eierschalen und Federn hat man in Höhlen in Arizona, dem Westen von Texas und New Mexico gefunden. Ein besonders wichtiges Nistgebiet war der Grand Canyon. Es gibt sogar Indizien, dass Mastodonten zu seiner Nahrung gehörten.

Der Niedergang des Kondors und das Verschwinden seiner Aas fressenden Verwandten fällt mit dem Aussterben der eiszeitlichen Großtiere zusammen.

Als die Europäer nach Amerika kamen, lebte *Gymnogyps* nur noch entlang der Pazifikküste, wo er sich von toten Meerestieren ernährte. Anfang des 18. Jahrhunderts waren Haustiere als Nahrung an die Stelle der ausgestorbenen Megafauna getreten, und er hatte einen Teil seines früheren Verbreitungsgebietes im Westen Nordamerikas erneut besiedelt. Seit jener Zeit hat der Mensch die Art fast ausgerottet. Am 19. April 1987 wurden die letzten wilden Kondore in Kalifornien gefangen, um sie durch Zuchtprogramme zu erhalten. Heute gibt es wieder zwei kleine Wildpopulationen und einen Bestand in Gefangenschaft, und die Kondore schweben wieder: über dem Grand Canyon – vielleicht zum ersten Mal seit 10.000 Jahren.

▼ **Der Anden-Kondor ist das Überbleibsel einer Gruppe gefiederter Aasverwerter aus der Eiszeit. Seine kalifornischen Vettern wären durch intensive Verfolgung fast ausgestorben.**

Das Verschwinden der Monster

Am Ende des Pleistozäns verschwanden die großen Tiere der Neuen Welt durch ein verheerendes, rätselhaftes Massensterben. In noch nicht einmal 3000 Jahren starben etwa 40 Gattungen aus, in den 70.000 Jahren zuvor dagegen waren nur neun verschwunden. Dieses Massensterben gehört zu den rätselhaftesten in der Geschichte unseres Planeten, und seine Bedeutung lässt sich bis heute nicht vollständig einschätzen. Kräfte, die so viele Tiere so schnell auslöschen können, bedrohen unter Umständen auch das Überleben der Menschen; dennoch lernen wir in der Schule nichts über das Aussterben der Megafauna, und für seine Erforschung wird auch nur sehr wenig Geld ausgegeben.

Es wurden zahlreiche mögliche Ursachen genannt, darunter weltweite Krankheitsepidemien, Einflüsse aus dem Weltraum, Klimaveränderungen und die übermäßige Jagd durch die Menschen. Die Mehrzahl der Fachleute, die sich näher mit dem Thema beschäftigt haben, bevorzugt eine der beiden letzten Theorien. Die Meinungen sind dabei scharf in zwei konkurrierende Lager getrennt. Einig ist man sich aber allgemein darüber, dass es in der Geschichte der Neuen Welt mehrfach zum Massenaussterben gekommen ist – allein in den letzten zehn Millionen Jahren mindestens siebenmal. Die ersten sechs Ereignisse standen offensichtlich im Zusammenhang mit Klimaveränderungen, aber das letzte und schwerwiegendste dürfte eine andere Ursache gehabt haben. Ein wenig Licht können wir in das Rätsel bringen, wenn wir uns etwas genauer mit einigen einfachen Fragen befassen:

Welche Tiere starben aus? In Nordamerika verschwanden 73 Prozent der Tiergattungen, die mehr als 44 Kilogramm wogen, unter kleineren Formen dagegen kennt man nur fünf Opfer. In Südamerika starben volle 80 Prozent der Megafauna aus, aber auch hier waren nur wenige kleine Tiere betroffen. Das ist ungewöhnlich: In früheren Episoden des Massensterbens verschwanden nicht nur die großen Tiere, sondern ein breites Spektrum aller Körpergrößen.

Klimaveränderungen sind oft ein globales Phänomen; sind sie die Ursache, sollte man also damit rechnen, dass es auf verschiedenen Kontinenten gleichzeitig zum Aussterben kommt. Aber während das Massensterben in Nord- und Südamerika ungefähr zur gleichen Zeit stattfand, spielte es sich in Australien viel früher ab, in Polynesien dagegen 10.000 Jahre später, und in Eurasien und Afrika setzte es früher ein, zog sich über längere Zeit hin und war weniger umfangreich. Da das Massensterben nicht gleichzeitig stattfand, liegt die Vermutung nahe, dass das Klima nicht die alleinige Ursache für das Verschwinden der großen Tiere war.

Auch etwas anderes ist rätselhaft: Frühere Episoden des Massensterbens ereigneten sich nie während einer Warmphase, am Ende des Pleistozäns war dies in der Neuen Welt jedoch der Fall. Mit der Klimatheorie lässt sich offensichtlich nur schwer erklären, warum sowohl wärmeangepasste Tiere (Glyptodonten und Tapire) als auch Kälte liebende Arten (die Harrington-Schneeziege *Oreamnos harringtoni* oder *Euceratherium*, eine weitere den Schafen und Ziegen nahe stehende Gattung des Flachlandes) verschwanden, als durch die allgemeine Erwärmung neue, eisfreie Lebensräume entstanden. Ebenso lässt sich kaum begründen, warum große Tiere auf Inseln länger erhalten blieben als ihre Entsprechung auf dem nahe gelegenen Festland. In Kuba verschwanden die Faultiere beispielsweise erst 4000 Jahre später als ihre Vettern auf dem Kontinent, und eine Restpopulation von Mammuts überlebte auf der Wrangelinsel bis vor 4000 Jahren. Diese Tatsachen erscheinen plausibler, wenn man die Möglichkeit in Betracht zieht, dass Menschen dabei eine Rolle spielten.

Monsterjäger?

Hat das Aussterben der großen Tiere in der Neuen Welt Spuren in der Kultur der amerikanischen Ureinwohner hinterlassen? Mehrere Besonderheiten der Clovis-Kultur sprechen dafür, dass diese Menschen dabei eine Rolle spielten. Die erste ist ihre bemerkenswerte kurze Dauer: Die großen, gerillten Geschossspitzen, die man für die Jagd auf große Tiere konstruiert hatte, waren nur ungefähr 300 Jahre lang in Gebrauch; danach traten kleinere, als Folsom-Spitzen bezeichnete Waffen an ihre Stelle. Folsom-Spitzen findet man in der Regel zusammen mit den Knochen ausgestorbener Bisons, aber nie mit den Mammuts, der bevorzugten Beute der Clovis-Jäger. Die nahe liegende Erklärung lautet: Als die Mammuts seltener wurden, waren Clovis-Spitzen überflüssig. An den Clovis-Spitzen sind auch relativ wenig regionale Abweichungen zu erkennen, vermutlich wurden sie also von Pionieren hergestellt, deren Kultur sich sehr schnell über die Neue Welt verbreitete. Eine solch schnelle Ausbreitung lässt auf ein reiches Nahrungsangebot schließen.

Die Vertreter der Klimatheorie halten es für unglaubwürdig, dass eine kleine Gruppe von Jägern sich in nur 1000 Jahren so stark vermehrte und so schnell wanderte, dass sie den gesamten amerikanischen Kontinent bevölkern konnte.

BODENFAULTIERE

Vor rund sieben Millionen Jahren wanderten fünf Arten von Bodenfaultieren von Süd- nach Nordamerika ein. Anscheinend waren sie jeweils auf unterschiedliche Lebensräume und eine ganz bestimmte Art pflanzlicher Nahrung spezialisiert. Das Rusconi-Bodenfaultier (*Eremotherium rusconii*), das bis in den Südwesten der heutigen USA vordrang, war ein sechs Meter langes und drei Tonnen schweres Ungeheuer mit zottigem Pelz, gepanzerter Haut und Krallen von fast 50 Zentimetern Länge. Andere rindergroße Arten waren an die Kälte angepasst und im Norden bis nach Alaska verbreitet. Bodenfaultiere konnten sich auf den säulenförmigen Hinterbeinen aufrichten, um Nahrung in den Bäumen zu suchen oder Feinde zu vertreiben. Die Überreste einiger Exemplare sind so gut erhalten, dass man sogar Sehnen und Haut noch erkennen kann, und wenn man den Dung anfeuchtet, riecht er ganz frisch. Die Untersuchung der Exkremente eines Shasta-Bodenfaultieres (*Nothrotheriops shastensis*), die man in einer Höhle im Südwesten der USA fand, ergab, dass das 180 Kilogramm schwere Exemplar sich von Nevada-Meerträubel (*Ephedra nevadensis*, „Mormon Tea"), Kugelmalven (*Sphaeralcea coccinea*) und bestimmten Kohlgewächsen ernährt hatte, die noch heute dort wachsen. Die einzigen heute noch lebenden Faultier-Arten sind kleine Baumbewohner, die man nur in der relativen Sicherheit des mittel- und südamerikanischen Urwaldes findet.

▼ **Das Rusconi-Bodenfaultier (*Eremotherium rusconii*) war so groß wie ein Elefant. Wurde es von den ersten amerikanischen Pionieren so verfolgt, dass es schließlich ausstarb?**

Die Anhänger der Jagdtheorie wie Paul Martin von der University of Arizona halten dem entgegen, es gebe in der Geschichte durchaus Beispiele, dass Bevölkerungsgruppen in jungfräulichen Regionen mit üppigem Nahrungsangebot um 3,4 Prozent im Jahr wuchsen – ein plausibles Szenario für die Neue Welt der Eiszeit, in der weder Krankheitsepidemien noch konkurrierende Gruppen das Bevölkerungswachstum einschränkten. Bei der genannten Wachstumsrate würden 100 Entdecker in nur 340 Jahren zehn Millionen Nachkommen hervorbringen. Außerdem brauchten die Pioniere jedes Jahr nur 13 Kilometer vorzurücken, um die 12.800 Kilometer von Edmonton in der kanadischen Provinz Alberta bis nach Feuerland an der Südspitze Südamerikas zurückzulegen.

WIE MAN EIN MAMMUT TÖTET

Dass prähistorische Menschen einen Elefanten töten konnten, erscheint fast unglaublich. Eine ihrer Lieblingsstrategien hieß „Verwunden und Verfolgen": Sie schlichen sich bis auf wenige Meter an, schleuderten einen Speer auf das Tier und blieben ihm dann auf den Fersen, bis es so geschwächt war, dass sie es töten konnten. Verwundete Elefanten suchen häufig nach Wasser – das könnte auch der Grund sein, warum man die meisten Überreste getöteter Mammuts an Wasserstellen gefunden hat. Auch die Clovis-Menschen dürften sich dieser Jagdmethode bedient haben.

Eine zweite Strategie bestand darin, die Elefanten auf weichen Untergrund zu treiben, wo sie stecken blieben. Bei Lange Ferguson in South Dakota wurde eine Mammutmutter offenbar zusammen mit ihrem Jungen getötet, nachdem beide in einem Sumpf halb versunken waren, und in Colby (Wyoming) konnten sich Mammuts anscheinend aus tiefem Schnee nicht mehr befreien. Bei Dent in Colorado wurde offensichtlich eine ganze Herde in einem steilwandigen Schacht gefangen.

Wahrscheinlich bauten die Mammutjäger riesige Fallen, um sich ihre Beute zu sichern.

▲ In vielen Fällen wurden Mammutskelette zusammen mit Clovis-Steinspitzen gefunden – ein Indiz, dass die ersten Siedler diese Tiere jagten.

Dass die ersten Amerikaner Jagd auf Mammuts machten, steht außer Zweifel. An vielen Fundstätten in der Neuen Welt ist man auf Indizien für die Mammutjagd gestoßen, und manche davon (zum Beispiel Clovis in New Mexico, Murray Springs in Arizona und Colby in Wyoming) enthielten große Haufen auseinander genommener Knochen, ein Hinweis, dass die Tiere gezielt zerlegt wurden und eventuell als Fleischvorrat für den Winter dienten. Zwar hat man in Eurasien mehr Belege für die Tötung von Mammuts gefunden als in Amerika, aber darin spiegelt sich vielleicht nur die größere Zahl archäologischer Ausgrabungen in der Alten Welt wider. Wahrscheinlich warten viele weitere vorzeitliche Schlachthöfe noch auf ihre Entdeckung.

Die Anhänger der Klimatheorie betonen, es gebe kaum Anhaltspunkte dafür, dass neben Elefanten und einer ausgestorbenen Bison-Art auch andere große Tiere gejagt wurden, aber das ist vielleicht teilweise mit der relativ kurzen Zeit zu erklären, in der Menschen und Monster in der Neuen Welt nebeneinander lebten. Kam es schnell zum Aussterben, findet man heute nur wenige Belege, denn Fossilbildung ist ohnehin ein seltener Vorgang. Dennoch konnte man sogar bestätigen, dass auch andere Arten gejagt wurden. Zu den Belegen gehören Proteinspuren eines ausgestorbenen Pferdes, die sich an der Oberfläche einer Clovis-

DAS MEERJUNGFRAUEN-MONSTER

Anders als ein Großteil der Megafauna überlebte die Stellersche Seekuh (*Hydrodamalis gigas*) noch bis zum Jahr 1795.

Die Weibchen waren größer als die Männchen: bis zu acht Metern lang und etwa zehn Tonnen schwer.

Im Pleistozän war die Stellersche Seekuh an den Pazifikküsten von Kalifornien bis nach Japan zu Hause. Kurze Zeit nach Einwanderung der Menschen war nur auf den unbewohnten Komandorskie-Inseln im Beringmeer noch ein kleiner Bestand übrig. Dieser wurde 1768 von dem Europäer Georg Steller entdeckt. 27 Jahre später war die Art ausgerottet.

▲ **Ein überlebender Verwandter der Stellerschen Seekuh: der Dugong. Stellersche Seekühe waren früher an der Westküste Nordamerikas weit verbreitet.**

▲ **Der Elch *(Alces alces)* ist eines der heute noch existierenden großen Tiere in Amerika. Elche wanderten zusammen mit den ersten Amerikanern ein und hatten Erfahrung mit menschlichen Jägern.**

Steinspitze erhalten haben, Werkzeugspuren an einem Kamelknochen und sogar eine Clovis-Spitze, die im Kiefer eines Direwolfes steckte.

Aber wie konnten die Clovis-Jäger in so kurzer Zeit so viele große Tiere töten? Die Antwort ergibt sich vielleicht aus der Erkenntnis, dass die Tiere mit Menschen nicht vertraut waren. Wie George Steller entdeckte, war die riesige Stellersche Seekuh den Menschen gegenüber so zutraulich, dass man sie sogar anfassen konnte; die Großtiere der Neuen Welt, die keinerlei Erfahrung mit Waffen oder Jagdmethoden der Menschen hatten, waren vermutlich ebenso leicht angreifbar. Als die ersten Menschen nach Nordamerika kamen, fanden sie ein Schlaraffenland vor. Und als die großen Herden der Pflanzen fressenden Säugetiere verschwanden, gingen mit ihnen auch die Raubtiere und Aasverwerter zu Grunde, die sich von ihnen ernährten. Die wenigen Großtierarten, die das Gemetzel überlebten, waren entweder schwer zu verfolgen, oder sie hatten sich bereits an Menschen gewöhnt. Elche und Bisons zum Beispiel wanderten ungefähr zur gleichen Zeit wie die Clovis-Menschen auf dem Kontinent ein und hatten zuvor bereits Kontakt mit Menschen gehabt; Karibus und Gabelböcke dagegen

▲ **Der Gabelbock *(Antilocapra americana)* ist das einzige Huftier, das sich in Amerika entwickelt und mit den Menschen überlebt hat.**

waren in ihren Wanderungsbewegungen unberechenbar, sodass man sie kaum verfolgen konnte.

Wie wir heute wissen, waren die Vorfahren der heutigen amerikanischen Ureinwohner anatomisch und in ihren Gehirnleistungen so modern wie jeder Mensch unserer Zeit. Um im unwirtlichen Klima des hohen Nordens überleben zu können, brauchten sie eine hoch entwickelte Kleidungs- und Jagdtechnologie. Nach Ansicht von Archäologen waren die Clovis-Menschen die mobilsten Jäger und Sammler, die die Welt jemals gesehen hat. Ihre Steinspitzen hat man nahezu überall gefunden, von Höhlen an der Meeresküste bis zu Berggipfeln – ein deutliches Zeichen für ihren Erfolg.

Aber trotz hoch entwickelter Gesellschaft, schneller Ausbreitung und ungeheurer Auswirkungen erfreute sich die Clovis-Kultur nur einer kurzen Blütezeit, und sie hinterließ wenige greifbare Belege für ihre Existenz. Nur an einer einzigen Stelle hat man Überreste von Menschen gefunden: ein kleines Kind, das an einem öden Bergabhang in Montana bestattet wurde – seltsamerweise zusammen mit mehreren hundert Clovis-Steinspitzen.

5

DIE INSELN

Vor 5500 bis vor 300 Jahren

Fünf Jahrtausende vor Captain Cook machte sich eine kleine Gruppe steinzeitlicher Seefahrer von der Insel Taiwan auf ins Unbekannte. Die Seeleute des Neolithikums eroberten ohne Kompass und Metallwerkzeuge mehr als die Hälfte des Globus. Sie waren die größten Entdecker aller Zeiten, und auf ihren Reisen über den Pazifik trafen sie Tiere, die zur Grundlage für Mythen und Legenden wurden.

◀ Inseln beherbergen oftmals seltsame Lebewesen, die sonst nirgendwo auf der Erde vorkommen. Der riesige Komodowaran lebt nur auf wenigen Inseln in Indonesien.

Die Polynesier

Die Nachkommen der Entdecker aus Taiwan – die Polynesier – findet man heute quer über den Erdball, von Madagaskar bis zur Osterinsel und von Hawaii bis nach Neuseeland. Damit bezeugen sie den Mut und die Fähigkeiten jener ersten Reisenden, die nicht zu Fuß in ihre neue Heimat gelangten. Über den Bug ihrer Kanus hinweg blickten sie einer ungewissen Zukunft entgegen – vor ihnen lagen viele tausend Kilometer unbekannter Gewässer. Ihre Entdeckungsreisen auf den Ozeanen waren nicht weniger ehrgeizig als unsere heutigen Versuche, das Sonnensystem zu erkunden. Inseln waren für die Polynesier wie fremde Planeten, die verstreut im endlosen Kosmos der blauen Ozeane lagen.

Sie entdeckten mehr als eine Million Inseln, jede mit einem einzigartigen Ökosystem, mit Arten, die sonst nirgendwo auf der Erde vorkommen. Kein anderes Volk der Steinzeit stieß auf eine solche Vielfalt der Natur. Und die ökologischen Verhältnisse dieser abgelegenen Inseln begünstigten die Evolution ein-

▲ Die Polynesier entdeckten über eine Million Inseln. Viele von ihnen konnten jedoch mangels natürlicher Ressourcen nicht besiedelt werden.

zigartiger Monster. Abgeschieden in ihrer winzigen Welt, brachte die Megafauna der Inseln einige der unglaublichsten Tiere hervor, die den Menschen jemals unter die Augen kamen.

Die Eroberung der polynesischen Inselwelt ist das letzte Kapitel in einer Geschichte, die vor 100.000 Jahren begann, als die ersten Exemplare der Art *Homo sapiens* den afrikanischen Kontinent verließen und sich aufmachten, die Welt zu erobern. Die Polynesier besiedelten die letzten unberührten Landflächen der Erde. Ihre Entdeckungen fanden erst so spät statt, dass sie in die Zeit der historischen Aufzeichnungen fallen. Deshalb können wir hier auch eine wichtige Frage beantworten: Waren die Menschen oder irgendein anderer Faktor für den Untergang der großen Tiere verantwortlich? Die Polynesier liefern ein klares Bild von dem, was sich in einem Ökosystem nach der Ankunft der ersten Menschen abspielt. Ihre Taten waren eine Art wissenschaftliches Experiment, das sie viele Male wiederholten.

Der Ursprung der Polynesier

In der Wissenschaft hatte man lange Zeit kaum Anhaltspunkte, woher die Polynesier stammten. Erst in den letzten 30 Jahren gelangten Fachleute aus verschiedenen Disziplinen wie Archäologie, Humangenetik und Linguistik zu der Erkenntnis, dass die Bewohner Madagaskars und der Pazifikinseln ursprünglich aus Südostasien kamen. Durch ihre Forschungsarbeiten kristallisierte sich eine erstaunliche Landkarte heraus: Sie zeigt, auf welchen Wegen diese Menschen von Insel zu Insel rund um die Erde reisten.

Nachdem man Taiwan als Ursprungsland der Polynesier erkannt hatte, konnte man archäologische Funde untersuchen und mit ihrer Hilfe die verschiedenen Reisen zeitlich einordnen. Ungefähr 3500 v. Chr. tauchten in Taiwan erstmals charakteristische neue Steinwerkzeuge und ein als *ta-p'en-k'eng* bezeichneter Keramikstil auf. Reste von Reis und Hirse weisen auf ein Volk hin, das Landwirtschaft betrieb; Angelhaken, Steine zum Beschweren von Netzen und Äxte zum Aushöhlen von Kanus zeigen, dass sie auch geübte Fischer waren.

Um 1600 v. Chr. gab es ähnliche Werkzeuge auch an den Küsten des heutigen Papua-Neuguinea. Dort tauchten die gleichen charakteristischen Werkzeuge auf, außerdem fand man riesige Muschelschalen, Tätowiernadeln, Angelhaken und Schmuckringe. Die *ta-p'en-k'eng*-Keramik dagegen hatte sich zu einer neuen Form weiterentwickelt, der Lapita-Töpferei mit fein gemusterten waagerechten Streifen. Hier entstand schließlich eine voll ausgeprägte Kultur seefahrender Entdecker. Irgendwann verschwand auch die Lapita-Keramik, aber ihre

DIE SPRACHEN DER PIONIERE

Die Sprachen in Madagaskar, Polynesien, Mikronesien, den Küsten von Melanesien und Teilen Südostasiens gehören zur austronesischen Sprachfamilie, die bis vor kurzer Zeit unter allen derartigen Familien die größte geografische Ausdehnung vorweisen konnte. Durch Vergleiche der einzelnen Sprachen und Dialekte innerhalb der Familie konnten die Linguisten den Ursprungsort der austronesischen Gruppe ausfindig machen. Im Malagasy (der Sprache Madagaskars) gibt es beispielsweise einige Wörter aus den ostafrikanischen Bantusprachen, aber zum größten Teil sind Wortschatz und Grammatik austronesisch. Ihr engster linguistischer Verwandter ist erstaunlicherweise die Sprache der Dayak, eines Stammes, der 4500 Kilometer entfernt auf der Insel Borneo zu Hause ist.

▲ **Die Polynesier waren die besten Seefahrer aller Zeiten. Mit ihren großen, seetüchtigen Doppelrumpfkanus erkundeten sie ohne Magnetkompass mehr als die Hälfte des Erdballs.**

geometrischen Muster wanderten in Form von Tätowierungen zusammen mit den Seefahrern über die Meere.

Die Polynesier nahmen auch ihre südostasiatische Flora und Fauna mit. Dieses ökologische Gepäck umfasste zahlreiche nützliche Pflanzen wie Taro, Yamswurzel und Bananen, aber auch Baumarten wie Mandelbaum, Malay-Apfelbaum, Brotfruchtbaum und Kokospalme. Sie dienten als Nahrungslieferanten, aber auch zur Herstellung von Kleidung: Aus dem Papiermaulbeerbaum stellte man auch das Rindentuch Tapa her, aus dem Kleidungsstücke angefertigt wurden. Außerdem brachten sie aus Asien domestizierte Tiere mit, beispielsweise Hühner, Schweine, Hunde und die sehr beliebte Pazifische Ratte (*Rattus exulans*).

Im Expresstempo über den Ozean

Die Lapita-Seeleute bewerkstelligten die schnellste Wanderung der gesamten Vorgeschichte: Sie kamen in jeder Generation durchschnittlich 80 Kilometer voran. Anhand der Radiokarbondatierung von Lapita-Gefäßen weiß man, dass Siedler in nur 300 bis 500 Jahren 4500 Kilometer weit über den Ozean reisten. Diese Menschen stolperten also ganz eindeutig nicht zufällig über neue Inseln, sondern suchten gezielt danach. Im Laufe ihrer Wanderung entwickelten sich neue Kulturen, und alle Indizien deuten darauf hin, dass ihre Erfindungen sich nicht rückwärts in ihre alte Heimat verbreiteten, sondern vorwärts in die unbekannten Gebiete.

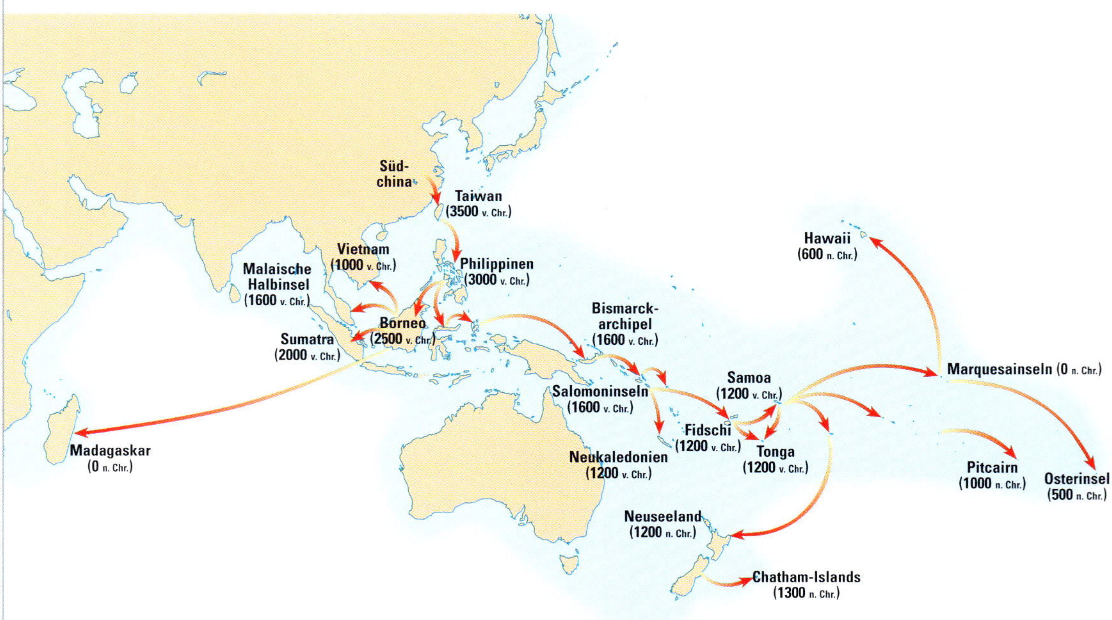

▲ **Die Routen der polynesischen Entdecker. Sie fuhren von Taiwan über das Meer und eroberten Inseln von Madagaskar bis zur Osterinsel.**

Welche Motive bewegten diese Menschen dazu, immer wieder neue, unbekannte Gewässer zu erforschen?

Nach Ansicht mancher Fachleute zwang die wachsende Bevölkerungszahl sie dazu, weil die natürlichen Ressourcen auf ihren empfindlichen Inseln knapp wurden. Aber offensichtlich machten die Pioniere sich in vielen Fällen bereits auf den Weg, bevor die Möglichkeiten auf ihrer Heimatinsel erschöpft waren. Anhaltspunkte dafür liefert die soziale Struktur der heutigen Kulturkreise in Polynesien.

Im Pazifikraum legte man großen Wert auf die soziale Stellung, und der höchste Rang stand immer der Familie dessen zu, der eine neue Gesellschaft gegründet hatte. Vielleicht wollten die Menschen eigene Gemeinschaften ins Leben rufen und sich selbst als Führer einsetzen. Vielleicht sehnten sie sich aber auch nach einem Garten Eden mit unbegrenzten Ressourcen. Überall am Pazifik erzählen uralte Lieder von der ursprünglichen Heimat im Westen, und man träumt von sagenhaften Ländern des Überflusses, die gleich hinter der aufgehenden Sonne im Osten liegen sollen.

MOKO-TATTOOS

Reptilien galten bei den Polynesiern als magische Wesen, die mit der Unterwelt in Verbindung standen. Ihr König war der Gott Moko, Schutzherr der Fischer. In Neuseeland und Hawaii schmückten Menschen ihren Körper mit Moko-Tattoos, sodass ein erhabenes Muster nach Art einer Reptilienhaut entstand. Die Moko-Tattoos der neuseeländischen Stammeshäuptlinge galten als so kostbar, dass man nach dem Tod die Köpfe abschnitt und aufbewahrte.

▶ Die Moko-Gesichtstattoos werden in die Haut geschnitten. Das Moko, das nur hochrangige Personen trugen, galt als *tapu*, als heilige Kunst. Am Muster erkannte man die Familiengeschichte seines Trägers.

Der Zentralpazifik

Im Pazifikraum entwickelten sich die Tiere auf einigen der jüngsten Landflächen unseres Planeten. Viele der rund eine Million Inseln, die sich über diesen Ozean verteilen, haben einen turbulenten, vulkanischen Ursprung. Tektonische Platten rieben aneinander, Magmablasen stiegen aus dem Erdinneren auf, und dabei wuchsen vom Meeresboden neue Inseln empor – geografisch isolierte Zufluchtsorte, an denen sich einzigartige Lebewesen entwickeln konnten.

Die Vulkaninseln stiegen als nackter Fels aus dem Meer und waren anfangs völlig ohne Leben, aber sie wurden schnell besiedelt.

El Niño und Wirbelstürme bringen vielen Teilen der Erde den Tod, aber sie tragen auch entscheidend dazu bei, Lebendiges zu abgelegenen Inseln zu transportieren. Starke Winde brachten Vögel vom Kurs ab, verfrachteten Insekten in Luftströmungen und entwurzelten Bäume, die vom Meer verdriftet wurden – gelegentlich mit im Geäst versteckten Reptilien und Säugetieren. Landtiere überquerten manchmal mehrere tausend Kilometer Meer, bevor sie auf die Pazifikinseln gelangten. Jede Art hatte nur eine winzige Chance, irgendwo wie-

EIN VOGEL, DER NICHT FLIEGEN KANN

Der einzige flugunfähige Vogel, der in Polynesien bis heute überlebt hat, ist das Henderson-Sumpfhuhn (*Porzana ater*). Die Henderson-Insel gehört zu den abgelegensten Orten der Welt. An ihrer Küste strandete es vor vielen Jahrtausenden. Auf einer Insel ohne natürliche Feinde ist das energieaufwändige Fliegen ein Überlebenshindernis, und deshalb gaben die Nachkommen des Sumpfhuhns es allmählich auf. Da es schnell zu Fuß ist und sich gut unter Pflanzen verstecken kann, fand es eine Strategie, um den Pazifischen Ratten aus dem Weg zu gehen. Heute teilen sich beide Arten die Insel.

▲ Das Henderson-Sumpfhuhn ist heute der einzige flugunfähige Vogel Ost-Polynesiens. Die anderen fielen eingeführten Raubtieren zum Opfer.

der an Land zu gehen, und doch gelang es einigen. Mit ähnlichen Wahrscheinlichkeiten hatten es später auch die Polynesier zu tun.

Inselökologie

Verglichen mit dem Festland, beherbergen ozeanische Inseln häufig eine seltsame Ansammlung von Arten. Viele Pflanzen- und Tierfamilien fehlen, und manche ökologische Nischen bleiben leer. Häufig dominieren Vögel, denn sie können relativ einfach durch die Luft auf die Inseln gelangen. Auch Reptilien und Insekten sind oftmals weit verbreitet, aber Amphibien, die kein Salz vertragen, und Landsäugetiere findet man nur in geringer Zahl. Auf Hawaii gab es beispielsweise vor der Einwanderung der ersten Menschen weder Reptilien noch Amphibien, Mücken, Ameisen oder landlebende Säugetiere.

Dennoch werden Inseln vielfach zu Schmelztiegeln der Evolution, die sich mit endemischen (nirgendwo anders vorkommenden) Lebewesen füllen. Eine einzige Art kann eine atemberaubende Formenvielfalt hervorbringen, die in keinem Verhältnis mehr zur Zahl ihrer Verwandten auf dem Festland steht. In Hawaii entstanden aus einer einzigen Stammart mehr als 55 Arten von Kleidervögeln. Die neuen Formen nutzten leere ökologische Nischen auf den Inseln aus. Lebensumfeld, Ernährungs- und Verhaltensweisen entsprachen dabei häufig nicht denen, die man normalerweise mit der Stammart in Verbindung bringt.

Auf Inseln verläuft die Evolution der Tiere oft auf seltsamen Wegen – sie werden zu Riesen, Zwergen oder verlieren die Flugfähigkeit. Winzige Eilande in der indonesischen Inselwelt beherbergen beispielsweise die größte Landechse der Welt, den Komodowaran, und auf einigen Inseln im Mittelmeer lebten früher Miniatur-Elefanten und -Flusspferde.

EIN KROKODIL AN LAND

Zu den interessantesten Monstern, denen die Polynesier begegneten, gehörte das Fidschi-Landkrokodil (*Volia athollandersoni*). Das drei Meter lange Krokodil hatte eine kurze, hundeartige Schnauze. Es zog das Land dem Wasser vor und streifte durch die Wälder der Fidschi-Inseln. Sein Knochenbau lässt vermuten, dass es ähnlich wie Warane lebte: Es grub Behausungen im Boden und kletterte auf Bäume, um seine Beute zu jagen. Wie viele Inseln, so ist auch Fidschi bisher nur ungenügend erforscht.

Warum sich Flugunfähigkeit, Riesenwuchs und Zwergformen auf Inseln entwickeln, ist wissenschaftlich nicht genau geklärt; häufig führt man es auf das Fehlen großer natürlicher Feinde zurück. Eine Welt ohne Raubtiere lässt Abwehrstrategien verloren gehen; wandern dann schließlich räuberische Arten ein, sind die Tiere eine besonders leichte Beute.

FEDERGELD

Rote Federn wurden im Pazifikraum nicht nur wegen ihrer Schönheit geschätzt, sondern galten auch als Symbol für Reichtum und Macht. Man tauschte sie gegen wertvolle Dinge wie Kanus oder Bräute ein, und sogar Steuern wurden manchmal mit Federn bezahlt.

Besonders eng war der Zusammenhang zwischen Federn und gesellschaftlicher Stellung in Hawaii: Dort trugen Häuptlinge und hoch gestellte Persönlichkeiten Feder-Umhänge. Ebenso bedeckte man mit Federn die Abbilder der Götter, und sie dienten als Verzierung von Kampfhelmen. Um Kleidervögel wie Mamo oder O'o einzufangen, strichen die Vogelfänger von Hawaii ein klebriges Pflanzenharz an blühende Bäume, sodass die Vögel hängen blieben, wenn sie zum Nektarsaugen kamen. Die kostbarsten Federn wurden ausgerissen, und dann ließ man die Vögel wieder frei. Hatte man genügend Federn gesammelt, wurden sie zu einem „Geldmacher" gebracht, der sie zu Mänteln verarbeitete. Zur Herstellung einer einzigen königlichen Robe brauchte man rund 80.000 Vögel.

▲ **Jeder dieser *Alu'ula* (heilige Mäntel) aus Hawaii besteht aus 450.000 Federn von hohem Geldwert.**

In abgelegenen Regionen der Salomonen gibt es das Federgeld noch heute.

Korallengärten

Wenn polynesische Seefahrer eine neue Insel entdeckten, stellten sich viele schwierige Aufgaben. Die Vulkaninseln im Pazifik befinden sich in den unterschiedlichsten Stadien der Erosion; deshalb ist keine wie die andere, und jede hat ihre eigenen Herausforderungen. Pazifikinseln sind bei weitem nicht die idyllischen Paradiese, als die wir sie uns gerne vorstellen, denn vielfach fehlen ihnen wichtige Ressourcen. Als Erstes mussten die neu zugewanderten Polynesier also herausfinden, welche natürlichen Ressourcen zur Verfügung standen, und dann mussten sie sich entweder an die Umwelt anpassen oder weiterreisen. Große einheimische Tiere waren sicher ein besonders willkommener Anblick, stellten sie doch wichtige Nahrungslieferanten dar.

Auf halbem Weg zwischen den Fidschi-Hauptinseln und dem Königreich Tonga liegt die Laugruppe, eine Kette aus 60 winzigen Eilanden. Sie bestehen aus Korallenatollen, den Rändern alter, erodierter Vulkankrater, die gerade noch aus den Wellen ragen. Nahrung und Süßwasser sind auf diesen Atollen Mangelware, aber unter der Wasseroberfläche liegen einige der reichhaltigsten Korallenriffe der Welt, in denen es von Fischen und anderen essbaren Meerestieren nur so wimmelt. Diese unterseeischen Gärten versorgten die Menschen von Lau zwar mit dem Notwendigsten, aber da Wasser und andere Ressourcen so knapp waren, mussten sie Handel mit größeren Inseln betreiben, um zu überleben. So wurde das Handwerk zu ihrer wichtigsten Einnahmequelle: Sie tauschten Schnitzereien aus den Panzern von Karettschildkröten und hübsch verzierte Kleidung aus Tapa-Rindentuch gegen Getreide und andere lebensnotwendige Dinge. Ihr berühmtestes Produkt waren Flechtmatten aus Pandanusblättern, die mit den roten Federn eines als „kühler Vogel" bezeichneten Papageis gesäumt waren. Diese Vögel lebten auf den größeren Fidschi-Inseln; um sich ihren Nachschub an Federn zu sichern, hielten die Bewohner von Lau die Vögel in Käfigen gefangen, sodass man sie je nach Bedarf rupfen konnte.

Die Osterinsel

Zu den abgelegensten Orten der Erde gehört die Osterinsel, auch Rapa Nui genannt: Sie liegt 3200 Kilometer vom südamerikanischen Festland entfernt, und zu der nächsten bewohnbaren Landfläche, der Pitcairn-Insel, sind es 2300 Kilometer. Wegen dieser gewaltigen Entfernungen konnten die Bewohner von Rapa Nui keinen Handel mit anderen Inseln betreiben. Die Küste der Osterinsel ist von steilen Klippen gesäumt, an denen sich die Wellen ungehindert brechen. Deshalb gibt es keine Korallenriffe, und die Gewinnung von Nahrung aus dem Meer war schwierig und vielfach auch gefährlich.

Ein gutes Studienobjekt für die Archäologen sind auf den Inseln Polynesiens vielfach alte Haufen von Küchenabfällen. Sie zeigen in der Mehrzahl der Fälle, dass Fische das wichtigste Nahrungsmittel waren. Insgesamt stammen 90 Prozent aller Knochen, die man auf den Pazifikinseln in alten Müllhaufen findet, von Fischen. Auf Rapa Nui dagegen steuerten Fische zu den Knochen, die zwischen 900 und 1300 n. Chr. weggeworfen wurden, nur ungefähr ein Viertel bei. Auf dem Meer betätigten sich diese Inselbewohner als Großwildjäger: Ein Drittel des Proteins, das sie aufnahmen, wurde von Schildkröten geliefert.

Schildkröten waren die größten verfügbaren Tiere, denn große Landtiere gab es auf Rapa Nui nicht. Eine weitere Proteinquelle stellten aber die umfangreichen Seevögelkolonien dar: Eissturmvögel, Albatrosse, Tölpel und Fregattvögel standen regelmäßig auf dem Speisezettel, ebenso Landvögel wie Schleiereulen, Reiher und Papageien. Die Inselbewohner hielten auch Hühner und fingen die Pazifischen Ratten, die die ersten Siedler wahrscheinlich absichtlich mitgebracht hatten. In den Abfallhaufen von Rapa Nui hat man sogar mehr Ratten- als Fischknochen gefunden.

Auf Rapa Nui gab es zwar keine großen Tiere, aber dafür besaß die Insel einen bemerkenswerten Bestand an Pflanzen. Als die ersten Menschen eintrafen, entdeckten sie riesige subtropische Wälder mit einzigartigen „Baumastern" der Gattung *Olearia*, den Hauhau- und Toromiro-Gewächsen, aus denen man Seile herstellen konnte, sowie einem dichten Unterholz aus Farnen und Sträuchern. Aus der Untersuchung alter Pollenablagerungen weiß man, dass eine riesige Palme die am weitesten verbreitete Baumart war. Es handelte sich um eine heute ausgestorbene Verwandte der Chilenischen Ölpalme, die bis zu 25 Meter hoch wird und einen Stammdurchmesser von 1,80 Meter erreicht. Die Rapa-Nui-Palme dürfte wie ihre Verwandte aus Chile ein wertvoller Lieferant essbarer Nüsse und eines sirupartigen Saftes gewesen sein.

Anfangs muss es so ausgesehen haben, als sei Rapa Nui ein unerschöpfliches Paradies. Die Bewohner nutzten den fruchtbaren Boden und waren schließlich vollkommen auf die Palme sowie die eingeführten Nutzpflanzen – Bananen, Taro, Süßkartoffeln und Zuckerrohr – angewiesen. Aber ihr Glück war nicht von

▶ Die als *moai* bezeichneten Steinstatuen stellen vermutlich polynesische Gottheiten und zu Göttern aufgestiegene Vorfahren dar. Heute sind sie das Wahrzeichen der Osterinsel.

langer Dauer. Die Bäume wurden abgeholzt, weil man Holz zum Bauen, als Brennmaterial oder als Rollen für den Transport der *moai* brauchte – die rätselhaften Steinstatuen, die auf das Meer blicken –, und so schrumpften die Wälder. Als keine Bäume mehr das Land schützten, wurde der Boden weggespült, und die Nutzpflanzen gediehen nicht mehr. Jetzt fielen die einzelnen Familien übereinander her und kämpften um die knapper werdenden Ressourcen. Kannibalismus kam auf. Innerhalb von 300 Jahren brach eine hoch entwickelte Kultur, die auch die einzige Schriftsprache Polynesiens (das Rongorongo) hervorgebracht hatte, in einer selbst verursachten Umweltkatastrophe zusammen, und die Bevölkerung, die in der Blütezeit aus über 7000 Menschen bestanden hatte, schrumpfte auf nur 750 Personen. Heute steht auf Rapa Nui kein einziger einheimischer Baum mehr, und die einzigen einheimischen Landtiere sind nicht größer als Insekten.

Hawaii

Mit einer Entfernung von 3200 Kilometern zum nächsten trockenen Land sind die Hawaii-Inseln sogar noch abgelegener als Rapa Nui. Als die ersten Entdecker hier vor 1200 bis 1600 Jahren an Land gingen, müssen sie verblüfft gewesen sein, welche Fülle von Nahrungsmitteln sie sich ganz einfach beschaffen konnten. Auf Hawaii wimmelte es von Lebewesen, und da die Inseln seit Jahrtausenden von der übrigen Welt isoliert waren, hatte sich eine Fülle seltsamer Tiere entwickelt: Insekten konnten nicht mehr fliegen; Finken ernährten sich von Nektar; an den Stränden spazierten Eulen mit langen Beinen herum; und große, flugunfähige Vögel rannten den Siedlern offenbar ohne die geringste Angst um die Füße.

Das Geheimnis des natürlichen Reichtums auf Hawaii liegt in der erdgeschichtlich recht späten Entstehung der Inseln. Der Hawaii-Archipel ist eine Kette von Gebirgsinseln, die sich 2600 Kilometer weit quer über den Pazifik erstreckt. Sie entstand, indem sich tief im Erdmantel ein besonders aktiver Magmaherd ausbildete, aus dem Lava aufstieg. Diese baute die neuen Inseln auf – ein Vorgang, der sich auch heute noch fortsetzt. Die meisten Hawaii-Inseln gibt es schon länger als die Osterinsel – Zeit genug, damit die Elemente hohe Gipfel und tiefe Schluchten schaffen konnten, die viele ganz unterschiedliche Lebensräume bieten. Sprühende Wasserfälle und Bäche bewässern üppig bewachsene Täler mit fruchtbarem Vulkanboden, und rund um die Inseln liegen Korallenriffe mit geschützten Lagunen, die eine Fülle von Meereslebewesen beherbergen.

FLUGUNFÄHIG IN HAWAII

Als die ersten Polynesier in Hawaii landeten, betraten sie eine fremdartige Welt. Viele Vögel (und sogar Insekten) hatten das Fliegen aufgegeben und gingen lieber zu Fuß. Die Ibisse hatten hier kürzere Beine und lebten am Waldboden. Dort trafen sie auf Riesenkrähen, die zu Fuß nach Früchten und Aas suchten, und auf Rallen, die wie Ratten herumstreiften und einheimische Schnecken sowie die Eier anderer am Boden lebender Vögel verzehrten. Selbst ein ungewöhnlicher tropischer Abkömmling von Kanadagänsen war an die Erde gebunden und rupfte Gras.

▲ **Der auf Hawaii heimische, flugunfähige Ibis hatte das Leben in der Luft und am Wasser aufgegeben. Stattdessen wanderte er durch die düsteren Wälder im Landesinneren.**

Inmitten dieses natürlichen Reichtums entwickelten die Bewohner Hawaiis eine Lebensweise, die sich gleichermaßen auf Jagd, Landwirtschaft und Fischerei stützte. Die Inseln waren so wohlhabend, dass Hawaii schließlich zum am dichtesten bevölkerten Teil Polynesiens wurde. Als Captain Cook den Archipel 1778 entdeckte, hatten die Inseln eine Bevölkerung von 400.000 bis 800.000 Menschen und eine hoch entwickelte Gesellschaftsstruktur mit einer herrschenden Adelsklasse und königlichen Häuptlingen. Jeder Bewohner hatte seinen Platz in der Gesellschaft, und sowohl die Landwirtschaft als auch die Fischerei waren keine Tätigkeit einzelner Familien mehr, sondern staatliche Großprojekte. Mit Energie und Pioniergeist hatten die Hawaiianer der Umwelt ihren Stempel aufgedrückt.

In Gemeinschaftsarbeit bauten sie riesige Erdterrassen, auf denen Taro angebaut wurde, die wichtigste Nutzpflanze. Auch viele andere Pflanzen aus fremden Ländern wurden gezüchtet, darunter Bananen, Bambus, Brotfrüchte, wilder Ingwer, Yamswurzeln, Zuckerrohr, Malay-Äpfel, Süßkartoffeln und Kokosnüsse. Um sie zu bewässern, leitete man Bergbäche auf raffinierte Weise um. Ganze Generationen von Hawaiianern sorgten auf ihren Heimatinseln für tief greifende Veränderungen und rodeten in den Tälern der Niederungen sämtliche Bäume.

In den geschützten Lagunen bauten sie aus Steinen riesige Fischteiche, die durch hölzerne Gitter mit dem offenen Meer verbunden waren. Mit den Gezeiten gelangten die Fische durch das Gitter in den Teich; wuchsen sie dann heran, konnten sie nicht mehr entkommen, und die Menschen besaßen eine weitere leicht verfügbare Nahrungsquelle. Mit ihren Steinwerkzeugen hatten die Bewohner sich als Pioniere in einer neuen Welt erwiesen.

Das verlorene Paradies

Die Bewohner Hawaiis und anderer Pazifikinseln galten früher als der Inbegriff des „edlen Wilden". An ihnen entzündeten sich Traumbilder von Menschen, die in einem urtümlichen Garten Eden im Einklang mit der Natur leben. Der Philosoph Rousseau studierte die Berichte von Captain Cook, als er nach Utopia suchte, und der Künstler Gauguin verließ seinen Hausgenossen Van Gogh, um unter den edlen Menschen von Tahiti zu leben. Erst heute können wir objektiv beurteilen, welchen Einfluss die Polynesier auf die ökologischen Verhältnisse im Pazifik genommen haben.

Manche Fachleute beschreiben die Auswirkungen der Menschen auf die Ökosysteme des Pazifiks als eine der schnellsten und tief greifendsten biologischen Katastrophen der Erdgeschichte. In den letzten 400 Jahren ereigneten sich 80

DIE RIESENENTE VON HAWAII

Früher stapfte eine bizarre, flugunfähige, einen Meter große Riesenente (*Thambetochen chauliodous*) auf stämmigen Beinen durch die Wälder von Hawaii. *Thambetochen* bedeutet „erstaunlicher Gänsekiefer", denn aus dem Schnabel dieser Ente ragten verhornte „Zähne", mit denen sie Farne und andere Pflanzen verzehrte. Das Weibchen legte seine gewaltigen Eier in Gruben, die es im Boden gegraben hatte.

Reste von Riesenenten und -gänsen hat man in Küchenabfallhaufen gefunden. Wurden diese Vögel von Menschen ausgerottet? Auf Hawaii verschwanden viele Vogelarten erst vor so kurzer Zeit, dass man aus ihren Überresten noch die DNS gewinnen kann. Wie sich beim Vergleich des Erbmaterials herausstellte, waren mehrere ausgestorbene Arten von Riesengänsen aus einer einzigen Gruppe von Kanadagänsen hervorgegangen, die durch den Wind vom Weg abgekommen war und sich erst vor 500.000 Jahren in Hawaii niedergelassen hatte. Heute sind die Nene-Gänse die einzigen Überlebenden.

Prozent aller belegten Ausrottungen von Tierarten auf Inseln. Und die Verluste, die durch prähistorische Menschen verursacht wurden, gehen selbst über die der letzten 400 Jahre noch weit hinaus. Mit Ausnahme der Galapagosinseln, die erst 1535 entdeckt wurden, besitzt heute vermutlich keine einzige Pazifikinsel mehr eine intakte Lebensgemeinschaft einheimischer Arten.

Auf keiner anderen Landmasse der Erde ist ein so hoher Prozentsatz einheimischer Arten ausgestorben wie auf Hawaii. Nach Angaben der Vogelforscher Helen James und Storrs Olson von der Smithsonian Institution verschwanden schon vor dem ersten Kontakt mit Europäern vier Arten großer, flugunfähiger Enten, mindestens zwei flugunfähige Ibisarten, sieben flugunfähige Rallen, etwa 20 Arten von Kleidervögeln und viele andere Tiere. In einem Zeitraum von 800 Jahren wurden nach einer plausiblen Schätzung 51 Prozent der 98 einheimischen Landvogelarten ausgerottet. 17 weitere verschwanden nach der Landung der Europäer.

Als die Polynesier einwanderten, besaß Hawaii vermutlich ungefähr 1029 einheimische Pflanzenarten, von denen 90 Prozent sonst nirgendwo auf der Erde vorkommen. Heute herrschen auf den meisten Landflächen unterhalb einer Höhe von 500 Metern eingeführte Pflanzen vor, und fast alle einheimischen Vögel haben diese Niederungen verlassen. Die noch verbliebenen Wildtiere Hawaiis sind ernsthaft bedroht, und die Inselgruppe gilt heute als „Welthauptstadt der gefährdeten Arten".

FREMDLINGE AHOI!

In den Kanus der polynesischen Pioniere saßen viele fremde Eindringlinge: Pflanzen, Hunde, Schweine, Pazifische Ratten und auch Zufallspassagiere wie Geckos, Skinke und Schnecken sowie Krankheiten wie die Vogelpocken. Ihre Einwanderung hatte für die Artenwelt der Inseln verheerende Folgen: Die Insel-Tiere haben im Laufe ihrer Entwicklung bestimmte Abwehrmechanismen gegen Raubtiere, z. B. die Flugfähigkeit, abgelegt, weil diese auf der Insel nutzlos waren. Siedeln sich neue Raubtiere an, sind die einheimischen Tiere meist den neuen Feinden schutzlos ausgeliefert, oder sie werden von Mitkonkurrenten verdrängt.

▲ **Die Pazifische Ratte (*Rattus exulans*) war für viele bodenlebende Tiere ein tödlicher Feind.**

Madagaskar

Madagaskar, die viertgrößte Insel der Welt, ist mit rund 587.000 Quadratkilometern fast so groß wie Spanien und Portugal zusammen. Bei diesen Ausmaßen stellt man es sich besser nicht als Insel, sondern als kleinen Kontinent vor. Sie entstand vor rund 88 Millionen Jahren, als der riesige Superkontinent Gondwana von tektonischen Kräften zerrissen wurde. Madagaskar war eines der Bruchstücke.

Als diese riesige Arche Noah sich endgültig von den Südkontinenten entfernte, hatte sie ein breites Spektrum prähistorischer Tiere an Bord, die nun eine ganz eigenständige Evolution durchmachten. Sie brachten so seltsame Nachkommen hervor, dass manche davon zum Gegenstand von Mythen und Legenden wurden. Madagaskar bot für seine Bewohner eine sichere, isolierte Zuflucht, sodass ganz neue Tiere entstehen konnten. Heute ist die Insel nur 400 Kilometer von den Savannen Afrikas entfernt, und doch gibt es dort keine einzige Katzen-, Affen-, Ga-

▲ **Madagaskar ist für Zoologen ein Paradies: Drei Viertel der hier lebenden Tierarten sind endemisch. Die Geckos der Insel entwickelten sich zu vielen fantastischen Formen.**

zellen- oder Zebraart. Stattdessen entwickelten sich ganz andere Tiere, die ihre Funktionen übernahmen.

Wegen seiner langen Isolation ist Madagaskar heute ein Land mit außerordentlich vielen ungewöhnlichen Arten, die sonst nirgendwo auf der Welt vorkommen. Das Spektrum reicht dabei von Geckos, die Flechten nachahmen, bis zu den sehr beweglichen Lemuren. 75 Prozent aller Arten sind ausschließlich auf dieser Insel zu Hause.

Aber bevor Madagaskar vor rund 2000 Jahren von Menschen besiedelt wurde, beherbergte die Insel einige der bizarrsten Monster, denen die Menschheit jemals begegnete.

Als die ersten polynesischen Siedler nach Madagaskar kamen, fanden sie riesige Vögel vor, die in ihren Nestern auf Eiern von der Größe eines Basketballs brüteten. Als sie die exotisch-fremdartigen Wälder aus stacheligen Bäumen und Orchideen erkundeten, stießen sie auf eigenartige Insektenfresser, Primaten von der Größe eines Kalbes und ein Tier, das zum Teil Puma und zum Teil Otter zu sein schien.

Diese Lebewesen müssen zum Großartigsten gehört haben, was Menschen jemals zu Gesicht bekamen – es war fast so, als spazierte man durch die Seiten eines Märchenbuches voller Fantasiegeschöpfe.

Lemurenmonster

Madagaskar ist vor allem für seine Lemuren bekannt, eine einzigartige, vielgestaltige Gruppe von Primaten, die man sonst nirgendwo auf der Erde findet. Vor einigen Millionen Jahren waren sie auf der ganzen Welt verbreitet, aber später starben sie durch die Konkurrenz der höher entwickelten Primaten aus.

Bevor die Menschen hinzukamen, reichte das Spektrum der Lemuren von mausgroßen Tieren bis zu Riesen mit den Ausmaßen eines Gorillas. Die 15 Riesenlemuren-Arten waren in Aussehen, Lebensweise und Bewegungen völlig einzigartig. Manche, beispielsweise *Archaeolemur* und *Hadropithecus*, waren Landbewohner und gingen auf allen Vieren, andere (*Paleopropithecus*) lebten kopfunter, indem sie sich wie Faultiere an Zweige hängten; wieder andere ähnelten als schwerfällige Kletterer dem Koala, hatten aber eine lange, hundeartige Schnauze, die möglicherweise sogar mit einem kurzen Rüssel ausgestattet war (*Megaladapis edwardsi*).

Der größte Lemur war *Archaeoindris fontoyonti*: Er brachte gewaltige 180 Kilogramm auf die Waage und reichte damit in Größe und Gewicht an einen ausgewachsenen Berggorilla heran. Da nur die wenigsten Äste ein derart riesiges Tier tragen konnten, lebte er vermutlich meist auf dem Boden, wo er sich wie die ausgestorbenen amerikanischen Bodenfaultiere von niedrig wachsenden Pflanzen ernährte.

Manche archäologischen Indizien lassen darauf schließen, dass die ersten Polynesier sowohl das Fleisch der Riesenlemuren aßen, als auch ihre Knochen und Zähne zu Schmuck verarbeiteten. In der heutigen madegassischen Überlie-

DIE RIESENFOSSA

Das größte Landraubtier in Madagaskar ist die ungewöhnliche Fossa. Mit ihrer Körperlänge von 70 Zentimetern sieht sie aus wie eine Kreuzung aus verschiedenen Tieren: Sie hat den Körperbau einer Katze, das Maul eines Hundes, Zähne wie ein Leopard und Tasthaare wie ein Fischotter; die Füße sind mit Schwimmhäuten und einziehbaren Krallen ausgestattet.

Den polynesischen Einwanderern begegnete aber in den Wäldern ein noch viel größeres Tier: die Riesenfossa (*Cryptoprocta spelea*).

Sie sah aus wie ein kurzbeiniger Puma und war viel größer und kräftiger als ihr heute noch lebender Verwandter. Ihre Lebensweise ähnelte sich: Sie durchstreifen nachts den Wald und suchen nach schlafenden Tieren. Sie sind unglaublich gewandte Kletterer. Ihre wichtigsten Opfer sind heute die Lemuren Madagaskars. Ob die Riesenfossa sich von Riesenlemuren ernährte?

Überreste von Riesenfossas hat man zusammen mit denen von ausgestorbenen Lemuren gefunden. Die archäologischen Arbeiten stecken in Madagaskar noch in den Anfängen, mit weiteren Befunden ist also für die Zukunft zu rechnen.

Die Fossas sind Schleichkatzen und besetzen auf Madagaskar die ökologische Nische der echten Katzen, die dort fehlen – ein Phänomen, das man auf Inseln häufig beobachtet.

▲ **Eine große Schleichkatze begrüßte die polynesischen Eroberer bei ihrer Ankunft auf Madagaskar.**

ferung gibt es ein Tier namens *kidoky* – dabei handelt es sich nach Ansicht des Paläontologen David Burney von der Fordham University um *Archaeolemur* oder einen anderen großen Lemuren.

Anscheinend ähnelte er ein wenig seinen heute noch lebenden Vettern, den Sifakas, stieß aber charakteristische, dunkle Rufe aus wie ein Indri. Wenn er aufgescheucht wurde, flüchtete er nicht auf einen Baum, sondern lief weg.

KONVERGENTE EVOLUTION

Ähnlich aussehende, aber nicht verwandte Lebensformen können unabhängig voneinander an ganz verschiedenen Orten entstehen.

Voraussetzung dafür: das Bewohnen derselben ökologischen Nische.

Palaeopropithecus maximus war ein Lemur von der Größe eines Menschen.

Er wog 45 bis 90 Kilogramm und ähnelte verblüffend heutigen südamerikanischen Faultieren, indem er sich kopfunter an Ästen entlang hangelte und Blätter, Blüten und Früchte fraß.

Er war in den Wäldern Madagaskars mit mehreren Arten weit verbreitet.

▼ Heutige Faultiere (unten) und der Lemur *Palaeopropithecus* – ein gutes Beispiel für konvergente Evolution.

Das Märchen vom Vogel Roc

Lemuren und Fossas waren nicht die einzigen Tiere, die sich auf Madagaskar zu Riesen entwickelten. Die Insel war auch die Heimat des Elefantenvogels, eines Verwandten der Emus; er war fast doppelt so groß wie ein Mensch und damit vermutlich der größte Vogel, den es jemals gab. Dieser flugunfähige Riese überlebte anscheinend noch bis vor recht kurzer Zeit. Im Jahr 1658 berichtete Admiral Etienne Flacourt, der Gouverneur von Port Dauphin im Süden Madagaskars, beim Volk der Antandroy gebe es Geschichten über einen „Vorompatra – einen großen Vogel, der die Ampatre (Sümpfe) heimsucht und Eier legt wie die Strauße; und damit die Menschen der Gegend sie nicht wegnehmen, sucht er die einsamsten Orte auf."

Arabische Sklavenhändler, die im Mittelalter ihre Siedlungen an der Nordküste Madagaskars einrichteten, erzählten ebenfalls von einem Riesenvogel. Ihre Berichte dürften den Anlass zur Legende vom Roc oder *rukh* gegeben haben. In den *Geschichten aus 1001 Nacht* wird Sindbad der Seefahrer von den Krallen eines Roc ergriffen und auf eine sagenhafte Insel gebracht, wo er die Eier des Riesenvogels sieht: „Nach einer Weile aber fielen meine gierigen Blicke weit in der Ferne, im Innern der Insel, auf etwas Weißes ... und siehe, es war eine riesenhafte weiße Kuppel, die sich hoch in die Luft erhob und einen ungeheuren Umfang hatte ... es waren fünfzig gute Schritte ... und ich war überzeugt, dass die Kuppel, die mir ins Auge gefallen war, nichts anderes sein konnte als das Ei eines Rukh." (*Die Erzählungen aus den Tausendundein Nächten,* Insel-Verlag, 1907–08, Bd. 7, S. 110 ff.).

Auch der venezianische Entdecker Marco Polo, der 1294 Arabien und China bereiste, hörte Geschichten über den Elefantenvogel. Er berichtet darüber in einem Kapitel über Madagaskar und Sansibar seiner *Reisen des Marco Polo*: „Die Menschen der Insel berichten, dass zu einer bestimmten Zeit im Jahr in den südlichen Gefilden ein ungewöhnlicher Vogel auftaucht, welchen sie *rukh* nennen. Seine Gestalt soll der eines Adlers ähneln, er ist aber unvergleichlich viel größer und so stark, dass er mit seinen Klauen sogar einen Elefanten ergreifen kann."

Die Geschichte von Marco Polo ist vermutlich mit Berichten über einen wirklichen Riesenadler vermischt, der zusammen mit Zwergelefanten auf der Insel Zypern lebte. Als Polo aber in China beim Kublai Khan zu Gast war, zeigte man ihm die kaiserliche Sammlung von Eiern und Federn des *rukh* – mittelalterliche Kuriositäten, die Reisende aus Madagaskar mitgebracht hatten.

Die Elefantenvögel legten die größten Eier, die man kennt – ein Exemplar hatte einen Umfang von 90 Zentimetern und war 30 Zentimeter lang; damit hat-

DER GRÖSSTE VOGEL DER WELT

Der Elefantenvogel (*Aepyornis maximus*) war drei Meter groß und wog eine halbe Tonne. Er hatte riesige, stämmige Beine und Füße mit drei Zehen, die fast aussahen wie die eines Dinosauriers.

Die Madegassen bezeichneten den Elefantenvogel als „Vorompatra", das bedeutet „Sumpfvogel". Er lebte in dünn bewaldeten Sümpfen und baumbestandenen Savannen. Als Vegetarier ernährte er sich von niedrigen Pflanzen, oder er streckte den Hals wie eine Giraffe in die höheren Zweige. Während der Paarungszeit wanderte er vermutlich aus den Sümpfen in die Sanddünen an der Küste, wo man noch heute die Reste seiner basketballgroßen Eier finden kann. Als die Polynesier einwanderten, gab es zwei Gattungen von Elefantenvögeln: *Aepyornis* und den noch nicht einmal halb so großen *Mullerornis*. Beide gehörten zu den Ratiten, einer Gruppe, die vor dem Auseinanderbrechen von Gondwana entstanden war. Wie die heutigen Ratiten – Strauße, Nandus, Emus, Kasuare und Kiwis –, so hatten auch die Elefantenvögel winzige Flügel und konnten nicht fliegen. Während aber die Strauße in Afrika so schnell und aggressiv sind, dass sie sich gegen Raubtiere verteidigen können, waren die Elefantenvögel untersetzte, schwerfällige Tiere.

▼ **Der Elefantenvogel war vermutlich der größte Vogel, den es jemals gab. Er überlebte in Madagaskar noch bis zum 17. Jahrhundert.**

te es das Volumen von acht Straußeneiern, 1800 Hühnereiern oder 12.000 Kolibri-Eiern. Sie waren auch viel größer als die Eier der Dinosaurier. Noch größer kann ein funktionsfähiges Ei schon aus physiologischen Gründen nicht sein. Die Vogeleltern müssen mit großer Geduld gesegnet gewesen sein: Rund 90 Tage dauerte es, bis das Junge schlüpfte.

An den Stränden, wo die Elefantenvögel nisteten, knirschen noch heute unter jedem Schritt viele Millionen Eierschalen-Bruchstücke; Knochen der Tiere findet man dagegen nur selten. Das liegt nach Ansicht von Fachleuten daran, dass die Vögel einmal im Jahr an die Küste in ihre Brutkolonien wanderten, sich aber ansonsten im Landesinneren aufhielten.

In alten Küchen-Abfallhaufen findet man Stücke der Eierschalen manchmal zusammen mit Keramik, und gelegentlich sind sie auch von Holzkohle geschwärzt. Anscheinend trug also das Sammeln der Eier stärker zum Aussterben der Elefantenvögel bei als die Jagd.

Unwiederbringlich

Als die ersten Siedler nach Madagaskar kamen, gab es ungefähr 17 Arten von Großtieren, die heute ohne Ausnahme ausgestorben sind. Einheimische Landsäugetiere oder Vögel, die mehr als elf Kilogramm wiegen, gibt es nicht mehr.

Glaubt man der Radiokarbondatierung, so begann das Aussterben der Megafauna von 2000 Jahren, als die ersten Menschen eintrafen, und es endete erst vor etwa 100 Jahren – damals verschwand vermutlich auch das Madagaskar-Zwergflusspferd. Viele Tiere, darunter alle Riesenlemuren, gingen wahrscheinlich erst vor 500 Jahren zu Grunde, als die Europäer nach Madagaskar kamen. Waren demnach die Menschen in Madagaskar für das Aussterben der Großtiere verantwortlich?

Früher hielten manche Fachleute eine Klimaveränderung für die Ursache, aber diese Ansicht vertreten heute nur noch die wenigsten. Madagaskar erlebte in den letzten 3000 Jahren mehrere kleinere Klimaschwankungen, aber die Fossilfunde lassen darauf schließen, dass die Tiere davon fast unbeeinflusst blieben. Als die Vegetationszonen sich je nach den Klimaverhältnissen verschoben, wanderten die Tiere einfach entsprechend mit.

Einige Wissenschaftler glauben, die Megafauna sei einer rätselhaften Krankheit zum Opfer gefallen, die von Menschen oder den sie begleitenden Ratten eingeschleppt wurde und gegen die die Tiere der Insel keine Abwehrkräfte besaßen. Dieser Theorie widerspricht aber, dass Krankheiten in der Regel Gruppen eng verwandter Arten befallen; in Madagaskar dagegen waren Arten quer durch das ganze Tierreich vom Aussterben betroffen – Schildkröten, Zwergflusspferde, Primaten, Mungos und Vögel verschwanden gleichermaßen.

Faktor Mensch

Für einen Zusammenhang zwischen den ersten Bewohnern Madagaskars und dem Aussterben der großen Tiere gibt es kaum unmittelbare Indizien. Nur sechs oder sieben archäologische Fundstätten lassen eine Verbindung zwischen Menschen und ausgestorbenen Tieren erkennen, und nur rund ein Dutzend dort gefundener Knochen tragen Anzeichen, dass sie von Menschen verändert wurden. Die ältesten derartigen Knochen wurden vor rund 2000 Jahren mit Metallwerkzeugen bearbeitet.

Während unmittelbare Belege also fast völlig fehlen, sprechen indirekte Indizien durchaus dafür, dass die Einwanderung der Polynesier verheerende Auswirkungen auf die Tierwelt Madagaskars hatte. Zunächst einmal waren viele der ausgestorbenen Tiere groß, zahm, tagaktiv und Bodenbewohner – mit anderen Worten: Es lohnte sich, sie zu jagen, und sie waren leicht zu fangen. Interessanterweise sind die meisten Lemuren, die es heute noch gibt, recht klein; sie leben in dem unzugänglichen Kronendach der Wälder, und viele von ihnen sind nachtaktiv.

Dennoch dürfte die Jagd nicht die Hauptursache gewesen sein. Die einheimischen Pflanzengesellschaften Madagaskars sind heute zu 90 Prozent verdrängt oder zerstört, und ein großer Teil der Schäden wurde vermutlich in der ersten Zeit der Besiedlung angerichtet. An einigen besonders alten archäologischen Fundstätten ist zu erkennen, dass die Siedler nicht nur Rinder, Ziegen und Schweine mitbrachten, sondern auch Nutzpflanzen wie Reis, Bananen und Maniok.

Viele dieser Siedler praktizierten eine Form der Landwirtschaft, die als Brandrodung oder *tavy* bezeichnet wird: Sie brannten Waldstücke ab und schufen so Platz für ihre Nutzpflanzen. Nachdem die Pflanzen abgeerntet waren, gaben die Bauern den ausgelaugten Boden auf und zogen weiter, um das nächste Stück Wald zu roden.

Wird die Brandrodung in großem Stil praktiziert, kann sie die tropischen Wälder schwer schädigen. Doch auch sie scheint nicht der einzige Grund für das Aussterben zu sein.

Kürzlich entdeckten Wissenschaftler in 2000 Jahre alten Sedimenten in Ma-

▲ **Heute leben Zwergflusspferde in Westafrika. Madagaskar beherbergte einst zwei Arten.** ***Hippo madagascariensis*** **war noch kleiner als moderne Zwergflusspferde.**

dagaskar eine drastische Zunahme des Holzkohlegehalts – er ist weit größer, als man allein auf Grund der Brandrodung erwarten würde. Die Holzkohleablagerungen deuten auf eine starke Zunahme der Waldbrände hin. Wenn die Interpretation der Fachleute stimmt, handelte es sich bei den Hauptschuldigen für das Aussterben der Tiere um nomadisch lebende Viehzüchter, die absichtlich große Waldgebiete in Brand steckten, um das Wild zu vertreiben und Weideflächen für ihre Tiere zu schaffen.

Diese Menschen brannten nicht nur riesige Gebiete ursprünglicher Lebensräume nieder, sondern brachten auch Pflanzen fressende Tiere mit, die in unmittelbare Konkurrenz zu den einheimischen Pflanzenfressern traten – zu Elefantenvögeln, Riesenschildkröten, Zwergflusspferden und den am Boden lebenden Riesenlemuren.

Neuseeland

Nach der Überlieferung der Maori verließ Kupe, einer der großen polynesischen Seefahrer, seine Heimat Hawaiki (die vermutlich zu den Gesellschafts-, Tubuai- oder Cook-Inseln gehörte) und segelte auf der Suche nach neuen Ländern Richtung Süden. Während Robin Hood, die Kreuzritter und der grausame Dschingis Khan in der mittelalterlichen Alten Welt Geschichte machten, entdeckte Kupe Neuseeland. Seine Frau gab der Insel den Namen *Aotearoa*, „Land der langen weißen Wolke". Damit hatten Menschen die letzte bewohnbare Landfläche der Erde in Besitz genommen.

Es war eine ähnliche Entdeckung, als wenn sie den Fuß auf einen neuen Planeten gesetzt hätten: Die Polynesier waren in Neuseeland nicht nur die ersten Menschen, sondern sogar die ersten Land bewohnenden Säugetiere überhaupt. Sie drangen in eine Welt ein, die von Vögeln beherrscht wurde, in ein Königreich, in dem Giganten das Sagen hatten. Einer war der am höchsten aufragende Vogel, der jemals gelebt hatte, ein anderer der gefährlichste fliegende Räuber seit dem Dinosaurierzeitalter.

Anders als Madagaskar wurde Neuseeland nie von Landsäugetieren besiedelt – nur flugfähige Tiere konnten den unruhigen südlichen Pazifik überqueren. Aber wie Madagaskar war Neuseeland eigentlich nicht nur eine Insel, sondern ein Minikontinent, ein Bruchstück des alten Superkontinents Gondwana. Es war größer als die Millionen Pazifikinseln zusammen, und den Polynesiern muss es riesig vorgekommen sein. Vielleicht hielten sie es für das sagenumwobene Land des unendlichen Überflusses, von dem sie immer geträumt hatten.

Eine Welt der Vögel

Während der 80 Millionen Jahre, in denen Neuseeland isoliert war, hatten seine Vögel eine ganz eigenständige Evolution durchgemacht und viele ökologische Nischen ausgefüllt, die normalerweise von Säugetieren besetzt sind. Sie übernahmen die Rolle der Raubkatzen *(Harpagornis)*, der Waldelefanten *(Moa)* und sogar der Mäuse (Stephen-Island-Scheinzaunkönig). 30 Arten verloren ihre Flugfähigkeit.

Andere, darunter Gänse, Blässhühner, Raben und Rallen, wuchsen zu gewaltigen Ausmaßen heran. Die meisten Vögel waren zutraulich und bewegten sich langsam – sie hatten am Boden keine natürlichen Feinde, denen sie hätten entkommen müssen. Für die ersten Siedler muss es ein geradezu unwirkliches Erlebnis gewesen sein, auf so viele Tiere zu treffen, die den Menschen nicht Angst, sondern Neugier entgegenbrachten.

Die Polynesier merkten sehr schnell, dass man sich nicht vor den Tieren fürchten musste, die am Boden herumspazierten, sondern vor denen am Himmel – Neuseeland war die Heimat einiger eindrucksvoller Raubvögel.

Darüber hinaus gehörten zur Tierwelt auch fremdartige Reptilien, primitive Frösche und riesige, Fleisch fressende Schlangen, die 30 Zentimeter lange Regenwürmer verzehrten. Viele dieser Arten waren Überbleibsel aus der längst vergangenen Welt von Gondwana. Ebenso verhielt es sich mit den Pflanzen. Das Land war zu rund 80 Prozent von urtümlichen Wäldern bedeckt, dort wuchsen Arten, die schon den Dinosauriern bekannt vorgekommen wären.

DER RIESENVOGEL

Der Riesenvogel *Harpagornis moorei*, nach seinem Entdecker auch „Haast-Adler" genannt, war ein gefürchteter natürlicher Feind der Moas und anderer flugunfähiger Vögel. Bis zur Einwanderung der Menschen war er in Neuseeland der König der Raubtiere und besetzte die ökologische Nische der Großkatzen. Seine Krallen waren so groß wie die eines Tigers, die Flügelspannweite lag bei drei Metern, und das Weibchen wog 13 Kilogramm.

Damit war er der größte und kräftigste Adler aller Zeiten. Die Moas, die er fing, waren oft 20-mal so schwer wie er selbst, doch mit seinen langen Krallen verursachte der Adler tödliche innere Blutungen.

Die Maori ritzten Zeichnungen von *Harpagornis* in Höhlenwände und schnitzten Werkzeuge aus seinen Knochen. In manchen Legenden der Maori kommt der *Te Pouakai* oder *Hokioi Hu* vor, ein mythischer Adler, der Menschen frisst. Vermutlich fand *Harpagornis* die Maori-Pioniere deshalb interessant, weil sie gefiederte Mäntel trugen und wie die Moas aufrecht gingen.

▲ So wie diese südamerikanische Harpyie könnte *Harpagornis* ausgesehen haben.

Der Moa

Die bekanntesten Riesen Neuseelands waren die Moas, große flugunfähige Vögel. Wie die Elefantenvögel in Madagaskar und die afrikanischen Strauße gehörten sie zu den Ratiten, einer Gruppe flugunfähiger Vögel, die ursprünglich aus Gondwana stammte. In Neuseeland wurden die Polynesier von elf Moa-Arten begrüßt, vom truthahngroßen *Pachyornis mappini* bis zum turmhohen *Dinornis giganteus*, der sich bei der Nahrungssuche bis auf 3,70 Meter aufrichten konnte – doppelt so hoch wie ein Mensch. Alle Moas waren flugunfähig, und so weit man weiß, waren sie die einzigen Vögel, die überhaupt keine Flügel besaßen.

Die Moas waren Pflanzenfresser: Sie ernährten sich in den riesigen Waldgebieten Neuseelands, insbesondere in den trockenen Steineibenwäldern (*Podocarpus*) auf der Ostseite der Südinsel, von Sträuchern und Bäumen. Um die Blätter gegen die Schnäbel hungriger Moas zu schützen, tragen viele einheimische Pflanzen in Neuseeland ein feines Gitterwerk aus winzigen Zweigen.

Jede Moa-Art hat ihren eigenen, charakteristischen Körperbau, und die Schnabelform eignet sich jeweils für eine ganz bestimmte Lebensweise im Wald. *Euryapteryx* fraß Beeren und wasserspeichernde Blätter, *Pachyornis* ernährte sich von zähen Pflanzenfasern. *Dinornis giganteus* bevorzugte das breite Spektrum fein

◄ **Dieser mumifizierte Moakopf wurde in einer Höhle in Neuseeland gefunden. Wissenschaftler der Universität Oxford untersuchen die Frage, ob man den Moa aus der wiedergewonnenen DNS klonen kann.**

▲ Eine irreführende frühe Rekonstruktion von *Dinornis giganteus* (mit Medizinstudenten der Maori). Heute wissen wir, dass dieser Moa sich nur sehr selten zu voller Größe aufrichtete.

◄ Man konnte einige Moafedern bergen und mit ihrer Hilfe die Farbe des Vogels rekonstruieren. Vermutlich ähnelte *D. giganteus* im Farbton dem gefleckten Kiwi.

verästelter Pflanzen, die er an den Waldrändern vorfand. Über die Ernährung dieser Vögel wissen wir Bescheid, weil sich mit ihren Überresten auch der Mageninhalt erhalten hat. Moas lebten noch vor so kurzer Zeit, dass häufig sogar ihre Federn, ihre Haut und die DNS überlebt haben; dies nährt die Hoffnung, dass man eines Tages vielleicht einen lebenden Vogel neu erschaffen kann.

Die Moas lebten allein oder in kleinen Familienverbänden und besetzten ein abgegrenztes Revier, das sie vermutlich vehement verteidigten. Da sie sich weit verstreut im Wald aufhielten, war die Kommunikation für sie von großer Bedeutung.

Nach Ansicht der Fachleute waren sie wie andere australasiatische Ratiten (Kiwis, Emus und Kasuare) sehr stimmgewaltig. Bei *Euryapteryx* lässt die Form von Hals und Rachen darauf schließen, dass die Wälder von seinen dröhnenden, tiefen Rufen widerhallten.

Da es so wenige Landraubtiere gab, konnten die Moas es sich leisten, sich sehr langsam fortzupflanzen; alle Indizien (einige fossile Moanester hatte man aus dem Boden unter Felsüberhängen ausgegraben) weisen darauf hin, dass sie jeweils nur ein oder zwei Eier legten.

Für die Polynesier erwiesen sich die Moas als sehr nützlich: Aus ihrer Haut konnte man Kleidung herstellen, die kräftigen Knochen dienten als Material für geschnitzte Schmuckstücke und Werkzeuge, Fleisch und Eier waren essbar. Die Eier wurden sogar als Wasserbehälter verwendet.

Gondwana lebt

Zwar ist die einzigartige Tierwelt Neuseelands zu einem beträchtlichen Teil ausgestorben, einige sehr eigenartige Tiere gibt es aber noch: beispielsweise die Brückenechse (Tuatara, *Sphenodon punctatus*) – ein Reptil, das heute auf abgelegene, rattenfreie Inseln beschränkt ist – und *Deinacrida heteracantha*, eine mausgroße Heuschrecke („giant weta"), die zu den schwersten Insekten der Welt gehört.

Wenn die Brückenechse Jagd auf die Riesenheuschrecke macht, inszenieren beide die Neuauflage eines prähistorischen Kampfes, dessen Zeugen bereits die Dinosaurier waren. Die Brückenechse hat sich seit 225 Millionen Jahren kaum verändert und ist das letzte noch lebende Mitglied einer uralten Ordnung von Reptilien, die im Dinosaurierzeitalter ihre Blütezeit erlebte.

Das seltsame Geschöpf trägt oben auf dem Kopf ein drittes lichtempfindliches Auge, geht in den kühlen Nachtstunden auf die Jagd und legt sich tags-

▲ Die Brückenechse oder Tuatara ist die einzige noch lebende Art einer alten Reptilienordnung, die im Dinosaurierzeitalter weit verbreitet war. Sie überlebte auf abgelegenen, rattenfreien Inseln.

DER KIWI

Auch die Kiwis (*Apteryx*) sind Verwandte der Moas. Die flugunfähigen, nachtaktiven Vögel verhalten sich ähnlich wie Igel: Sie stochern im Boden nach Insekten, Würmern und Larven. Mit ihren Nasenöffnungen am Ende des ungewöhnlich langen, biegsamen Schnabels riechen sie versteckte Beutetiere. Den Kiwis kommt die unbequeme Ehre zu, dass sie im Verhältnis zu ihrer Größe die umfangreichsten Eier aller Vögel legen: Ein einziges Ei kann fast ein Drittel des Körpergewichts ausmachen.

▲ Entgingen die Kiwis dem Aussterben, weil sie nachtaktive Tiere sind?

DAS RÄTSEL DER DRACHEN?

Maori-Legenden der Maori berichten von einem Furcht erregenden, drachenartigen Reptil namens *Kawekaweau*. Es war angeblich braun mit roten Streifen und versteckte sich unter umgestürzten Bäumen, um vorüberkommende Menschen zu überfallen. Lange Zeit galt *Kawekaweau* als Fabelwesen, aber kürzlich entdeckte man im naturgeschichtlichen Museum in Marseille einen präparierten, 62 Zentimeter langen, braunrot gestreiften Riesengecko mit nadelspitzen Zähnen. War er der *Kawekaweau*? Ein Großtier war er damit nicht, aber im Vergleich zu anderen Geckos war er riesig, und in Neuseeland dürfte er eines der wichtigsten am Boden lebenden Raubtiere gewesen ein. Vermutlich ernährte er sich von kleinen Vögeln, Rieseninsekten und sogar von Blütennektar.

über zum Schlafen in die Bauten von Meeresvögeln (einige lebende Brückenechsen kann man derzeit im „Aquarium" des Berliner Zoos bestaunen).

Die Heuschrecken der Gattung *Deinacrida*, von den Maori „Dämonen der Nacht" genannt, sind ebenfalls ein Überbleibsel der Tierwelt von Gondwana. Die riesigen, flügellosen Insekten können größer werden als eine durchschnittliche Maus und leben in ökologischen Nischen, die anderswo von Nagetieren besetzt sind. Die größte unter ihnen ist *Deinacrida heteracantha* mit einem Gewicht von bis zu 70 Gramm.

Verschwunden

Heute hängt tödliches Schweigen über den Wäldern Neuseelands, denn die einheimische Tierwelt ist dort so gut wie ausgerottet. Dass Menschen für diese Tragödie verantwortlich sind, bezweifelt eigentlich niemand – das Klima spielte hier keine Rolle. Die Chronologie des Aussterbens in Neuseeland zeigt sehr deutlich, was geschehen kann, wenn Menschen in ein isoliertes Gebiet eindringen.

Nach der Überlieferung der Maori kehrte Kupe nach Hawaiki zurück und gab bekannt, er habe „ein weit entferntes Land entdeckt, von Wolken bedeckt, mit viel Feuchtigkeit und süß duftendem Boden"; daraufhin setzte eine geplante, massenhafte Besiedelung ein. Heute sind alle neuseeländischen Stämme, die *iwi*, nach den Kanus (*waka*) benannt, mit denen ihre polynesischen Vorfahren angekommen sein sollen. Archäologische Befunde und DNS-Untersuchungen lassen darauf schließen, dass Neuseeland vor 800 Jahren von höchstens 200 Polynesiern besiedelt wurde, die zusammen mit Vieh und tropischen Nutzpflanzen landeten.

Neuseeland stellte die Siedler vor eine große Herausforderung. Ihre Kultur setzte die ständige Wärme tropischer Breiten voraus, jetzt mussten sie sich an ein gemäßigtes Klima mit sehr unterschiedlichen Jahreszeiten anpassen. Vermutlich gehörten sie zu den ersten Polynesiern, die Schnee zu Gesicht bekamen. Außer Hunden (*kuri*) und Pazifischen Ratten (*kiore*) überlebte keine der Tierarten, die von den Siedlern eingeführt wurden.

Noch schlimmer war, dass auch ihre tropischen Früchte sich kaum für den kalten Winter in Neuseeland eigneten und deshalb vielfach nicht gediehen. Die wenigen, die überlebten (Taro, Yamswurzel, Flaschenkürbis, Papiermaulbeerbaum und Süßkartoffel) waren auf die milderen Regionen der Nordinsel und das nördliche Ende der Südinsel beschränkt. Als der erste Winter hereinbrach, muss die Zukunft für die Siedler düster ausgesehen haben. Als Nahrung griffen sie vermutlich auf die gemahlenen Wurzeln der Farnpflanzen aus dem Wald zurück.

▲ **Die Maori brachten von Hawaiki tropische Pflanzen und Tiere mit, die meist den kalten Winter nicht überlebten. Als einzige Tiere blieben Hunde und Pazifische Ratten erhalten.**

Das Ende der Moas

Auf der Südinsel, wo die Nutzpflanzen nicht gediehen, gingen die Siedler sehr schnell zur Großwildjagd über. An Flussmündungen entstanden umfangreiche Siedlungen, denn dort hatten die Jäger sowohl zu den Wäldern des Landesinneren als auch zur Fülle der Meerestiere leichten Zugang. An der Küste wurden die Robben erschlagen, von Kanus aus machte man mit Harpunen Jagd auf Fische und Delfine. Besonderen Gefallen jedoch fanden die Jäger an den Moas – sie waren eine leichte Beute und lieferten riesige, nahrhafte Eier sowie gewaltige, fleischige Schenkel.

Im Sommer, wenn die Moamännchen ihre Eier versorgten, streiften bewaffnete Jäger durch die Wälder. Fährtenleser suchten nach Nahrungsbäumen, Exkrementen und Wasserstellen der Vögel und legten Fallen aus Lianen. Hatte sich ein Beutetier darin verfangen, gingen sie einfach hin und erschlugen oder erstachen es. Kopf und Füße wurden abgeschnitten und weggeworfen, den restlichen Körper transportierte man in Schilfkanus flussabwärts. In der Siedlung wurden die Moas in den unterirdischen Öfen (*hangi*) regelrechter Fleischverarbeitungsbetriebe gegart. Aus den Häuten stellte man Kleidung her, und die kräftigen Knochen wurden zu Schmuckstücken, Keulen, Angelhaken, Axtgriffen und anderen Werkzeugen weiterverarbeitet.

Bei der Untersuchung von Abfallhaufen stellte sich heraus, dass Moas auf dem Höhepunkt des Gemetzels einen Anteil von 30 bis 40 Prozent an der Kalorienversorgung der Inselbewohner hatten. Moafleisch war so reichlich vorhanden, dass große Verschwendung herrschte – häufig wurden nur die Schenkel gegessen, den Rest warf man weg. Einige Siedlungen, die sich auf die Fleischverarbeitung spezialisiert hatten, wuchsen durch den üppigen Nachschub zu gewaltiger Größe heran: ein Ort bei Wairau Bar hatte eine Fläche von rund 60 Hektar. Im 19. Jahrhundert wurden an solchen Stellen ganze Eisenbahnzugladungen weggeworfener Moaknochen ausgegraben und zu Dünger verarbeitet.

Der Nahrungsüberfluss ließ die Bevölkerung der Südinsel auf etwa 1000 Menschen anwachsen, aber der Aufschwung war nicht von Dauer. Der Moabestand schrumpfte, und die Jäger mussten zu immer extremeren Maßnahmen greifen. Wie man an Holzkohlenresten erkennt, diente das Feuer vermutlich als Hilfsmittel – man setzte ganze Waldgebiete in Brand, um die verbliebenen Vögel herauszutreiben. Als der Moa ausstarb, waren auf der Südinsel rund 40 Prozent der Wälder zerstört.

Nie zuvor war eine Großtierart so schnell zu Grunde gegangen wie der Moa. Lange Zeit glaubte man, es habe ungefähr 400 Jahre gedauert, bis alle elf Moa-

▲ Maorifrauen rupfen einen Moa vor dem Kochen. In solchen spezialisierten Siedlungen wurde das Moafleisch gegart, aus der Haut stellte man Kleidung her, und die Knochen wurden zu Werkzeugen und Schmuck verarbeitet.

◄ Moaeier waren ein beliebtes Lebensmittel, dienten aber archäologischen Befunden zufolge auch als Wasserbehälter. Die Moas waren sanfte Tiere und setzten den Eiersammlern keinen Widerstand entgegen.

Arten von der Bildfläche verschwunden waren. Nach neueren Schätzungen jedoch, bei denen man die langsame Vermehrung der Vögel in Rechnung stellte, war die Art schon nach 50 bis 160 Jahren weitgehend ausgelöscht, auch wenn eine Hand voll Vögel in abgelegenen Gebirgsregionen vielleicht noch länger überlebte. Diese Schätzung wird auch durch archäologische Befunde gestützt: In einem Abfallhaufen an der Mündung des Shag River stammte in den unteren Schichten fast die Hälfte aller Knochen von Moas, an der Spitze waren es nur noch 20 Prozent. Und der Haufen wurde von den Inselbewohnern nur 50 Jahre lang benutzt.

Ein neuer Anfang

Nachdem um das Jahr 1400 die letzten Moas verschwunden waren, plagte der Hunger die Maori. Die großen Fleischverarbeitungsfabriken wurden aufgegeben, und die Menschen lebten nun wieder in kleineren Familienverbänden. Nicht nur die Moas waren jetzt auf der Nord- und Südinsel ausgestorben, sondern auch die Bestände der Meerestiere waren erschöpft, und die Pazifischen Ratten hatten viele flugunfähige Vögel, die am Boden nisteten, ausgerottet. Nun jagten die Maori die kleineren, fliegenden neuseeländischen Vögel.

Aber die Einstellung der Inselbewohner zu ihrer Umwelt hatte sich verändert. Das schnelle Verschwinden der Moas, deren riesige Zahl vielen noch lebhaft in Erinnerung war, muss ein Schock gewesen sein; jetzt wussten alle, dass Neuseeland kein endloses Schlaraffenland war, und eine neue Ethik setzte sich durch: Man führte das traditionelle polynesische System der Verbote wieder ein, das die Tötung von Tieren nur zu bestimmten Jahreszeiten gestattete. Es wurden vorübergehend Reservate eingerichtet und bewacht, sodass die Tierbestände geschützt waren und sich erholen konnten. Die Jagd auf die Vögel in den Baumkronen wurde zu einer Kunstform. Der Vogel-*Tohunga* stand mit den Göttern in Verbindung und nutzte ihre genauen Kenntnisse über das Verhalten der Vögel, um ganz bestimmte Arten zu fangen. Der Kaka zum Beispiel wurde mithilfe zahmer Lockvögel eingefangen. Der Jäger legte dem zahmen Vogel eine Schnur um den Fuß oder stieß ihn mit einem Stock an, sodass er kreischte und die Auf-

LAUFENDE FLEDERMÄUSE

Bevor die Maori kamen, gab es in Neuseeland als einzige einheimische Säugetiere nur vier Fledermausarten. Eine davon, *Mystacina robusta*, starb erst vor recht kurzer Zeit aus. Diese ungewöhnliche Fledermaus hatte während ihrer Evolution in einer Welt ohne andere kleine Landsäugetiere die Fähigkeit entwickelt, auf dem Boden zu leben. Die Flügel konnte sie einfalten und in Taschen an den Körperseiten verstauen, um dann wie eine Spitzmaus oder Ratte in Erdlöchern zu verschwinden oder in altem Laub zu wühlen. Sie verzehrte Blütennektar, verschmähte aber auch Aas und Jungvögel nicht. Eine der beiden heute noch in Neuseeland heimischen Fledermausarten, *Mystacina tuberculata*, lebt ganz ähnlich wie ihr ausgestorbener Vetter auf dem Waldboden.

Die Maori brachten Fledermäuse mit Tod und Zerstörung in Verbindung. Man räucherte die Nistplätze der Fledermäuse in Baumlöchern aus und fing dann die betäubten Tiere ein.

merksamkeit der wilden Vögel erregte. Diese wurden dann mit Fallen festgehalten.

Auf der Nordinsel lebten die Maori von Jagd und Landwirtschaft. Sie betrieben Brandrodung in den Wäldern, begünstigten damit das Wachstum essbarer Farnpflanzen und bauten außerdem ihre wichtigste Nutzpflanze an, die Süßkartoffel. Anders als in den Tropen ließ das Klima in Neuseeland nur eine Ernte im Jahr zu. Deshalb legten die Inselbewohner sich in abgedeckten Gruben ihre Wintervorräte an. Auch geräucherte Fische und Vögel, die im eigenen Fett haltbar gemacht waren, wurden in den Gruben gelagert.

Die Ackerflächen dehnten sich auf Kosten der Wälder immer weiter aus, und die Zahl der Vögel ging noch mehr zurück. Als verschiedene Großfamilien um die schwindenden Ressourcen konkurrierten, kam es zu Spannungen. Um 1600 war Neuseeland ein Land des Hungers. Und weiteres Unheil nahte: Im Dezember 1642 sichtete der niederländische Seemann Abel Janszoon Tasman die Küste des Westlandes – die Europäer hatten Neuseeland entdeckt.

Allen Indizien zufolge starben die meisten Tiere in Neuseeland bereits vor der Ankunft der Europäer aus. Schon vorher, nach der Besiedlung durch die Polynesier, waren 35 Vogelarten auf dem Festland ausgerottet. Und wenn Tiere überlebten, dann meist auf abgelegenen Inseln, die außerhalb der Reichweite von Menschen und Ratten lagen. Die Ankunft der Europäer war für die einzigartige Tierwelt Neuseelands der letzte Todesstoß. Nach der Besiedlung durch die Bri-

TIBBLES UND DER SCHEINZAUNKÖNIG

Der Stephen-Island-Scheinzaunkönig (*Traversia lyalli*) war ein winziger, halb nachtaktiver, flugunfähiger Vogel, der in seiner Lebensweise einer Maus ähnelte. Früher war er in ganz Neuseeland verbreitet: Er wurde vor einigen hundert Jahren von den Pazifischen Ratten ausgerottet.

Der einzige Europäer, der ihn noch lebend sah, war der Leuchtturmwärter David Lyall, der 1984 auf eine Insel im Marlborough Sound kam. Nach seinen Beschreibungen lebte der Vogel zwischen Felsen, wo er hin und her schoss und sich unter den Blöcken versteckte.

Die letzten Stephen-Island-Scheinzaunkönige wurden von Tibbles gefressen, der Katze des Leuchtturmwärters. Tibbles brachte 17 Vögel – den gesamten verbliebenen Bestand – seinem Herrn als Geschenk. Vermutlich war der Stephen-Island-Scheinzaunkönig spätestens ein Jahr nach Eintreffen der Katze ausgestorben, nur wenige Tage nach der wissenschaftlichen Erstbeschreibung!

ten verschwanden weitere 14 Vogelarten, sodass nun insgesamt 43 Arten ausgerottet waren – 51 Prozent aller einheimischen Vögel auf dem Festland!

Die Briten brachten wiederum fremde Tiere mit, darunter Schafe, Rinder, Ziegen und Pferde. In den Graslandschaften gewannen Kaninchen die Oberhand, und um sie loszuwerden, führte man Katzen und Hermeline ein – aber diese neuen Raubtiere entwickelten eine Vorliebe für einheimische Arten. Meeressäuger wie die Seebären wurden mit neuer Energie gejagt, und man rodete noch mehr Wald, um Holz zu gewinnen oder freie Flächen für europäische Nutzpflanzen zu schaffen.

DER FÄCHERSCHWANZTANZ

In Mythologie und Kultur der Maori spielen Vögel eine zentrale Rolle. Noch heute glauben manche Ureinwohner Neuseelands, ihre Seele habe die Form eines Vogels.

In der Mythologie der Maori war der Fächerschwanz einer der Krieger in einer großen Schlacht zwischen Land- und Seevögeln. Als er sich dem Feind näherte, geriet er in so heftigen Zorn, dass er herumsprang, den Gegner anstarrte und alle möglichen Bewegungen vollführte. Der *haka*, der heute auch vor Rugbyspielen aufgeführt wird und dadurch berühmt wurde, soll sich unter anderem vom Tanz des Fächerschwanzes ableiten.

▼ Der *haka* spielt in der Kultur der Maori eine zentrale Rolle. Er ist nicht nur ein Kriegstanz, sondern auch ein Ritual für viele Gelegenheiten.

Das Ende einer Ära

Die Polynesier richteten unter den Großtieren, die ihnen in Neuseeland, in Madagaskar und auf den Pazifikinseln begegneten, verheerende Schäden an. Später hatten die europäischen Siedler zwar ebenfalls großen Anteil, aber als sie kamen, war vieles bereits unwiederbringlich verloren.

Die polynesischen Siedler hatten das Pech, dass sie auf das empfindlichste Ökosystem der ganzen Erde stießen: Arten, die auf Inseln heimisch sind, überleben nur selten die Einführung neuer natürlicher Feinde. Später rodeten sie zudem die Wälder und wurden Bauern; von nun an war der Lebensraumverlust die Triebkraft des Aussterbens. Die Ankunft der Europäer bedeutete dann den Todesstoß. Heute sind von der üppigen Insel-Tierwelt nur noch faszinierende Reste übrig.

Es ist ein atemberaubender Gedanke, wie knapp wir davor standen, die Monster Madagaskars, Neuseelands und der Pazifikinseln mit eigenen Augen zu sehen. Manche gab es noch, als arabische Sklavenhändler, Piraten und Entdecker in die Welt der Polynesier eindrangen. Noch als Shakespeare seine Dramen schrieb, spazierten die Moas durch Neuseeland, und die Wälder Madagaskars hallten von den Schreien der Riesenlemuren wider.

Man fragt sich, wie der Kreuzfahrttourismus wohl heute aussähe, wenn diese Geschöpfe nicht zu Grunde gegangen wären.

Als die Polynesier zum ersten Mal an Land gingen, betraten sie eine fremdartige Welt, und als sie sich eingerichtet hatten, waren sie auf die Jagd angewiesen. Die Verwundbarsten verschwanden zuerst – die zutraulichen, wehrlosen Tiere, die nicht einmal fliegen konnten.

▶ Die polynesischen Pioniere kamen in ein Land voller Tiere. Heute sind viele Arten verschwunden. Naturschützer – Europäer und Maori – bemühen sich darum, die verbliebenen Überreste der einheimischen Tierwelt Neuseelands zu schützen.

EPILOG

Natürlich sind alle Arten früher oder später zum Untergang verdammt. Im Laufe der Jahrmillionen entwickeln sich immer wieder neue Formen, und alte gehen zu Grunde. An den Fossilfunden erkennt man aber, dass es in der Erdgeschichte mehrere Phasen gab, in denen eine riesige Zahl von Arten gleichzeitig ausgelöscht wurde. In der Wissenschaft unterscheidet man traditionell fünf solcher Ereignisse des Massenaussterbens – dem letzten fielen vor rund 65 Millionen Jahren die letzten Dinosaurier zum Opfer. Normalerweise identifiziert man solche Vorgänge anhand ihrer Auswirkungen auf kleine Meereslebewesen, deren Gehäuse als Fossilien gut erhalten bleiben. Doch das Massensterben am Ende des Pleistozäns war etwas Besonderes: Damals kamen zwar nicht so viele Arten ums Leben, dass man von einem echten Massenaussterben sprechen kann, aber es war die größte Auslöschung großer Tiere seit dem Verschwinden der Dinosaurier.

Es ist sehr wichtig, dass wir etwas über die Ursachen erfahren – die geheimnisvollen Kräfte, denen die großen Tiere zum Opfer fielen, bedrohen möglicherweise auch uns. Zur Erklärung wurden zahlreiche Theorien vorgeschlagen, aber am plausibelsten sind Krankheiten, Klimaveränderungen oder die massenhafte Tötung durch Menschen. Woran also lag es?

Killerseuchen?

Nach Ansicht einiger Fachleute war eine stark ansteckende, möglicherweise von Menschen übertragene Krankheit die Ursache. Zwei Vertreter dieser Theorie sind Ross MacPhee vom American Museum of Natural History und Preston Marx von der Tulane University in Louisiana. Sie weisen darauf hin, dass sich

Krankheitserreger und Opfer meist über einen langen Zeitraum arrangieren, dass also der Überträger nicht stirbt. Neu entstandene Erreger dagegen – sie können sich entwickeln, wenn Viren oder Bakterien die Grenze zwischen den Arten überspringen – wirken vielfach tödlich. Ein gutes Beispiel ist AIDS: Es hatte seinen Ursprung in den fünfziger Jahren des zwanzigsten Jahrhunderts, als das HI-Virus durch verstärkten Kontakt von afrikanischen Affen auf den Menschen überging. Für ihren ursprünglichen Wirt sind solche Erreger häufig harmlos, bei dem neuen jedoch wirken sie tödlich, und sie tauchen mit größerer Wahrscheinlichkeit auf, wenn zuvor getrennte Arten in Berührung kommen. Könnte der engere Kontakt zwischen Menschen und großen Tieren eine tödliche Epidemie ausgelöst haben, als die prähistorischen Siedler die Kontinente besiedelten?

Bei der Krankheitstheorie stellt sich unter anderem das Problem, dass ein breites Spektrum von Tieren vom Aussterben betroffen war, darunter Säugetiere, Vögel und Reptilien. Dass derart unterschiedliche Arten anfällig für die gleichen Mikroorganismen sind, ist sehr unwahrscheinlich. Dennoch suchen MacPhee und Marx mittlerweile im Gewebe eingefrorener Mammuts nach Erregern, die im Pleistozän für eine Epidemie gesorgt haben könnten – bisher allerdings ohne Erfolg.

Klima?

Dass das Klima tödlich wirken kann, ist durch eine Fülle von Befunden belegt. Alle fünf früheren großen Massenaussterben fielen mit tief greifenden, weltweiten Klimaveränderungen zusammen. Aber was waren die Ursachen solcher Temperaturverschiebungen, und war die gleiche Kraft auch dafür verantwortlich, dass die großen Tiere am Ende des Pleistozäns ausgelöscht wurden?

Im 20. Jahrhundert diskutierten die Fachleute lange Zeit darüber, warum die Dinosaurier ausstarben. Fast alle waren sich einig, dass eine Klimaveränderung die Ursache war. Meinungsverschiedenheiten gab es aber in der Frage, was diese Veränderung ausgelöst hatte. Als Möglichkeiten galten Sonnenfleckentätigkeit, Veränderungen in der Umlaufbahn der Erde, Kontinentalverschiebung, Vulkane und ein katastrophaler Asteroideneinschlag. Die Befunde waren jahrzehntelang umstritten, aber dann fand man in Mexiko einen riesigen Einschlagkrater, der in

Größe und Entstehungszeit zu einer weltweiten Schicht aus Asche und Iridium (einem Element, das auf der Erde selten ist, zum Beispiel in Meteoriten aber häufig vorkommt) in alten Gesteinsschichten passte. Erlitt die Megafauna das gleiche Schicksal wie die letzten Dinosaurier? Die Indizien sprechen dagegen. Man hat weder große Krater noch Iridiumschichten aus dem Pleistozän gefunden, obwohl solche Belege jünger und damit auch leichter nachzuweisen sein müssten als jene, die mit dem Aussterben der Dinosaurier im Zusammenhang stehen.

Kommen andere Ursachen für die Klimaveränderung in Betracht? Mit Kontinentalverschiebung ist das Ereignis am Ende des Pleistozäns nicht zu erklären, denn die Zeitspanne war einfach nicht so groß, dass die Kontinente sich nennenswert hätten bewegen können. Auch für große Vulkanausbrüche oder tödliche Schwankungen in der Sonnenstrahlung gibt es keine Anhaltspunkte.

In Nordamerika gab es während der letzten zehn Millionen Jahre mindestens sechs kleine Massensterben, und dabei steht das am Ende des Pleistozäns, was die Anzahl der Opfer angeht, nur an zweiter Stelle (in der Auswirkung auf die großen Tiere nimmt es allerdings die Spitzenstellung ein). Früher, bevor die Menschen auf der Bildfläche erschienen, fiel das Aussterben immer mit Wärmeperioden am Ende von Eiszeiten zusammen. Manche Fachleute halten Veränderungen im Pflanzenbestand für die Triebkraft des Aussterbens. Dazu kommt es entweder durch dramatische Temperaturschwankungen oder aber durch das Verschwinden entscheidender Arten. Elefanten zum Beispiel und ähnliche Tiere können eine Landschaft tief greifend prägen, Wälder in Graslandschaften verwandeln und so Einfluss auf das Schicksal anderer Arten nehmen – bis hin zur Zerstörung ganzer Ökosysteme. Solche Hypothesen über die Veränderung von Lebensräumen sind im Kern ebenfalls Klimatheorien.

Dass Klimaverschiebungen Leben auslöschen können, ist nicht zu leugnen. Eine andere Indizienkette lässt jedoch in der Klimatheorie schwer wiegende Schwachpunkte erkennen – und weist in eine ganz andere Richtung.

Menschen?

Als man im 19. Jahrhundert die ersten eiszeitlichen Tiere entdeckte, äußerten manche Paläontologen die Vermutung, jagende Menschen könnten für ihr Verschwinden verantwortlich sein. Heute ist Paul Martin von der University of Arizona der bekannteste Vertreter dieser so genannten Overkill-Hypothese. Nach seiner Ansicht rotteten die Jäger unabsichtlich viele große Tiere aus, als sie sich über zuvor unbewohnte Landstriche verbreiteten. Das Aussterben am Ende des Pleistozäns hat einige Aspekte, die sich nicht mit dem Klima erklären lassen:

1. Seltsame Unterschiede bei den Zeitpunkten des Aussterbens. Wäre die Megafauna durch globale Klimaveränderungen zu Grunde gegangen, hätte dies überall ungefähr gleichzeitig geschehen müssen. Aber in Nordamerika begann das Aussterben vor rund 12.000 Jahren, in Australien zog es sich über einen längeren Zeitraum hin, dessen Mitte ungefähr vor 50.000 Jahren liegt, und auf den Inseln setzte es seit der Zeit vor 4000 Jahren zu unterschiedlichen Zeitpunkten ein.

Es ereignete sich also durchaus nicht gleichzeitig – aber die Zeitpunkte lassen eine verdächtige Übereinstimmung mit der Besiedlung durch Menschen erkennen.

2. Unterschiede je nach Größe und Lebensweise. Klima- und Krankheitstheorien können nicht recht erklären, warum vorwiegend große Tiere und flugunfähige Vögel verschwanden, eine Gesetzmäßigkeit, die man bei früheren Ereignissen des Massensterbens nicht beobachtet. In Australien, Madagaskar und der Neuen Welt handelt es sich bei den überlebenden Arten meist um kleine, schnell bewegliche, giftige, auf Bäumen lebende oder nachtaktive Tiere. Die Opfer dagegen bewegten sich häufig langsam, lebten am Boden und waren tagaktiv. Das Klima berücksichtigt solche Unterschiede in der Lebensweise wohl kaum. Jäger tun es sehr wohl.

3. Bevorzugung zutraulicher Tiere. In der Neuen Welt handelt es sich bei den Opfern häufig um einheimische Arten, die zuvor keine Erfahrungen mit Menschen gemacht hatten. Dagegen überlebten Arten wie Elch, Bison, Karibu und Moschusochse, die erst in jüngerer Zeit aus Eurasien eingewandert waren. Die einheimischen Tiere, die kaum instinktive Angst vor Menschen empfanden, waren für die Jäger eine leichte Beute. Mit der Klimatheorie lässt sich nicht erklären, warum afrikanische und eurasische Großtiere besser davonkamen als ihre Verwandten aus der Neuen Welt oder Australien. Die Overkill-Theorie dagegen lässt es plausibel erscheinen: Tiere, die bereits an Menschen gewöhnt waren, hatten auch Wege zur Selbstverteidigung gefunden.

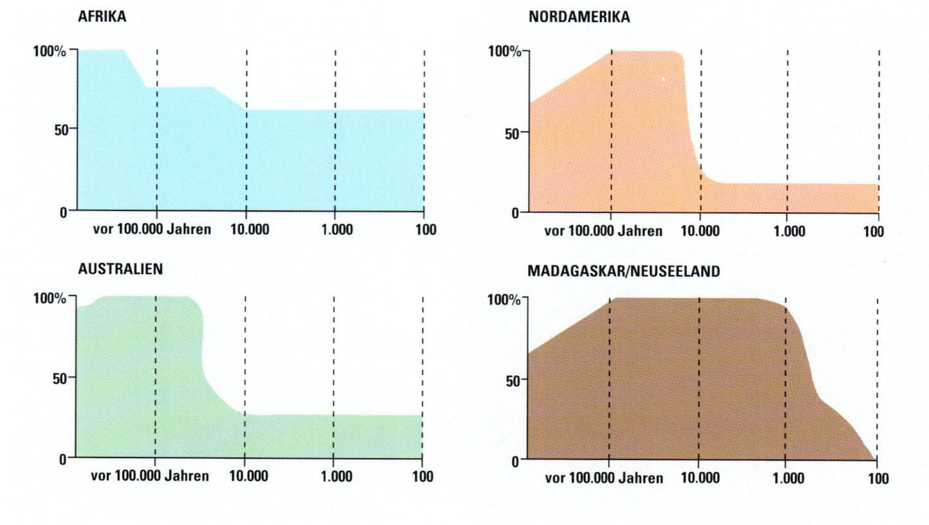

▲ Die zeitliche Einordnung des Aussterbens großer Tiere. In Afrika entwickelte sich die Megafauna zusammen mit den Menschen, und vielleicht war das der Grund, warum sie überlebte. Das (hier nicht abgebildete) Diagramm für Eurasien sieht ähnlich aus wie das afrikanische, beginnt aber später und zeigt geringfügig mehr Opfer.

4. Verspätetes Aussterben auf Inseln. Auf Inseln gediehen die großen Tiere noch, als sie auf dem Festland längst ausgestorben waren. Das Wollhaarmammut überlebte auf der Wrangelinsel im Nordpolargebiet bis vor 4000 Jahren, auf dem amerikanischen Festland dagegen war es bereits vor über 10.000 Jahren verschwunden. Das Klima war auf solchen Inseln aber nicht anders als auf dem benachbarten Festland.

5. Später eingeführte Großtiere bleiben am Leben. Wären die großen Tiere wegen einer klimabedingten Lebensraumveränderung zu Grunde gegangen, dürfte es auch ihren später eingeführten Verwandten kaum gelingen, in der neuen Umwelt zu überleben. Aber die Pferde, die von den Spaniern in die Neue Welt mitgebracht wurden, verbreiteten sich im Westen Amerikas so erfolgreich, dass sie heute als Landplage betrachtet werden.

Ganz ähnlich erging es den europäischen Wildschweinen, südamerikanischen Kamelen und Wasserschweinen: Sie alle gedeihen im modernen Amerika, und die Moschusochsen wurden in ihrem früheren Verbreitungsgebiet in Sibirien, Skandinavien und Alaska mit Erfolg wieder heimisch.

Kritiker der Overkill-Theorie weisen häufig darauf hin, es gebe kaum eine archäologische Bestätigung dafür, dass Menschen die ausgestorbenen Großtiere jagten, aber in Wirklichkeit kennt man solche Belege: In Neuseeland sind alte Müllablageplätze der Maori voll von Moaknochen, und Küchenabfallhaufen enthalten überall auf den Pazifikinseln die Überreste zahlreicher ausgestorbener Arten. In der Neuen Welt tragen Mammutknochen aufschlussreiche Spuren von Schlachtwerkzeugen und Waffen. Aus Eurasien gibt es Indizien, dass unsere Vorfahren Jagd auf Auerochsen und Wollhaarmammuts machten. Auch an der Ausgrabungsstätte Cuddie Springs in Australien fand man Großtierknochen mit Spuren, die auf das Zerlegen mit Werkzeugen hindeuten. Trotz schwer wiegender Unsicherheiten in der Datierung der ältesten Fossilien aus Australien erscheint es rätselhaft, dass große Tiere und Menschen auf diesem Kontinent so lange nebeneinander existierten. War der Mensch vielleicht doch nicht schuld am Aussterben der Tiere?

Peter Murray vom Central Australian Museum vermutet, dass es in Australien nicht durch die Jagd zum Aussterben kam, sondern durch eine andere Form menschlicher Eingriffe: durch Brände. Immer mehr Indizien weisen darauf hin, dass die Menschen sowohl in Australien als auch in Madagaskar die Landschaft mit Hilfe des Feuers veränderten. Australien erlebt zwar in der Trockenzeit auch häufig natürliche Waldbrände, aber die Menschen veränderten diesen Kreislauf, indem sie auch zu anderen Jahreszeiten Brände legten. Solche Maßnahmen mussten sich tief greifend auf das Leben der Pflanzen auswirken, und das hatte zwangsläufig auch Folgen für die Tiere.

Es ist ein reizvoller Gedanke, zwischen den verfeindeten akademischen Lagern Frieden zu stiften, indem man die Ansicht vertritt, die Monster der Erde seien durch eine Kombination verschiedener Faktoren ausgestorben – wirkten Klimaveränderung und die Jagd der Menschen nicht vielleicht zusammen und machten so der Megafauna den Garaus? Aber auch wenn wir bisher sicher nicht die ganze Wahrheit kennen, weisen doch die Indizien in ihrer Mehrzahl auf einen Hauptschuldigen hin: *Homo sapiens*. Während unsere Art sich, ausgestattet mit Feuer und Waffen, über die Erde verbreitete, hinterließ sie eine Schneise des Todes. Wo einst gewaltige Großtiere durch die Landschaft streiften, stehen heute riesige, schweigende Wälder – eine Welt von langweiliger Einheitlichkeit, deren Giganten vernichtet wurden. Sind wir die eigentlichen Monster?

Danksagung

Das Kapitel 1 schrieb Kathryn Holmes, Amanda Kear verfasste die Kapitel 2 und 3, Annie Bates das Kapitel 5. Ken Tankersley übernahm die Korrektur von Kapitel 4 und der Einleitung, war aber auch eine große moralische Hilfe. Außerdem trugen folgende Wissenschaftler durch Gespräche und das Lesen von Manuskripten zur Entstehung des Buches bei: Chris Stringer, Peter Murray, George Nash, Trevor Worthy, David Burney, Jack Cohen, Erik Trinkaus, Rod Wells, Dirk Megirian, David Bowman, Mere Roberts, Richard Holdaway und Storrs Olson. Ohne ihre Forschungsarbeiten hätte ich das Buch nicht schreiben können, für Fehler bin ich natürlich allein verantwortlich. Mein Dank gilt den Ureinwohnern in Australien, Kanada und Neuseeland, die mir ihre Kenntnisse über ihre Geschichte zugänglich machten; außerdem danke ich Sarah Lavelle, Shirley Patton, Nicky Copeland, Linda Blakemore, Ben Morgan und Martin Hendry von BBC Books; Joanna Usherwood, Nasir Hamid und Sally Pocock leisteten praktische Hilfe und ermutigten mich. Mein Dank gilt auch dem Fernsehteam mit Mike Gunton (Executive Producer), Charles Foley (Executive Producer von *Animal Planet)*, Andy Byatt (Series Producer), Andrew Graham-Brown (Producer), Bridget Jeffery (Production Coordinator), Lea Aldridge (Production Manager). Die Anregung zu diesem Projekt gaben Gespräche mit Mike Gunton, Charles Foley, Phil Fairclough und Jared Diamond. Ich empfehle vor allem, die Bücher von Jared Diamond und Tim Flannery zu lesen (siehe unten).

Ted Oakes (ted_oakes@hotmail.com)

Weiterführende Literatur

Diamond, Jared. *Arm und Reich,* S. Fischer (1998)
Diamond, Jared. *Der dritte Schimpanse,* S. Fischer (1994)
Flannery, Tim. *The Eternal Frontier,* Random House (2001)
Flannery, Tim. *The Future Eaters: An Ecological History of the Australian Lands and People,* Grove Press (2002)
Flood, Josephine. *The Archaeology of the Dreamtime,* 3rd ed., Angus & Robertson (1996)
Gamble, Clive. *The Palaeolithic Societies of Europe,* Cambridge University Press (1999)
Martin, Paul S. ‚The Last Entire Earth', *Wild Earth* (1992), vol. 2. no. 4, S. 29-32
Mithen, Steven. *The Prehistory of the Mind,* Thames & Hudson (1996)
Pielou, E. C. *After the Ice Age,* University of Chicago Press (1992)
Mulvaney, John und Kamminga, Johan. *The Prehistory of Australia,* Smithsonian Institute Press (1999)
Stringer, Chris und McKie, Robin. *Afrika – Wiege der Menschheit,* Limes (1996)
Tankersley, Kenneth. *In Search of Ice Age Americans,* Gibbs Smith (2002)
Wilson, Edward O. *Der Wert der Vielfalt: die Bedrohung des Artenreichtums und das Überleben des Menschen,* Piper (1995)

Register